建筑工程施工与管理研究

刘铭 吕仁玲 岳宏杰 李贵柱 齐祥义 著

山西出版传媒集团
三晋出版社

图书在版编目（CIP）数据

建筑工程施工与管理研究 / 刘铭等著 . -- 太原 ：三晋出版社 , 2025. 1. -- ISBN 978-7-5457-3193-4

Ⅰ . TU71

中国国家版本馆 CIP 数据核字第 2025YT4157 号

建筑工程施工与管理研究

著　　者：刘　铭　吕仁玲　岳宏杰　李贵柱　齐祥义
责任编辑：张　路

出 版 者：山西出版传媒集团·三晋出版社
地　　址：太原市建设南路 21 号
电　　话：0351-4956036（总编室）
　　　　　0351-4922203（印制部）

经 销 者：新华出版社
承 印 者：三河市中晟雅豪印务有限公司

开　　本：720mmx1020mm　1/16
印　　张：9
字　　数：120 千字
版　　次：2025 年 1 月　第 1 版
印　　次：2025 年 3 月　第 1 次印刷
书　　号：ISBN 978-7-5457-3193-4
定　　价：78.00 元

如有印装质量问题，请与本社发行部联系　电话：0351-4922268

前　言

建筑是人们工作生活的场所，直接关系着国计民生，建筑工程的质量与安全是人们关注的焦点，只有全面做好施工管理，才能确保建筑物安全，符合建筑质量整体要求。建筑工程的管理工作内容广泛，涉及建设的准备、施工、验收等不同方面，通过良好科学的管理，达到掌握进度、控制成本、保证质量、维护安全的目标。建筑管理工作受建筑周期的影响，且建筑管理一直存在于建设的全过程，只有不断提高管理能力与水平，才能确保露天高空作业安全，使各道工序按期推进。

本书首先介绍了建筑工程管理的基本知识，然后详细阐述了建筑工程施工与管理，以及建筑工程管理与质量检测技术的发展现状和趋势。

本书涉及建筑行业多个基本概念与基本原理，在写作时尝试多方面知识的融会贯通，注重知识层次递进，同时注重理论与实践的结合，希望可以为广大读者提供借鉴或帮助。

本书由刘铭、吕仁玲、岳宏杰、李贵柱、齐祥义撰写，李保华、孙长印、蒋愈、彭永欣、李龙军、张伟、徐兴东、李林、张文华、周艳萍、孙文静、张鹏飞、王伟娟对整理本书书稿亦有贡献。

在写作本书的过程中，参考了不少建筑业同行的相关资料，在此一并表示衷心的感谢。由于时间较紧，加之作者水平所限，书中难免存在不足之处，恳请广大读者批评指正。

目　录

第一章　建筑工程施工管理概述　1

第一节　建筑工程项目管理组织…………1

第二节　建筑工程项目进度控制…………8

第二章　建筑施工安全管理　17

第一节　安全管理概述…………17

第二节　施工安全技术措施…………24

第三章　建筑施工资源管理　42

第一节　材料管理…………42

第二节　机械设备管理…………48

第四章　建筑施工质量检测　54

第一节　桩基质量检测…………54

第二节　主体结构工程质量检验…………71

第五章　绿色工程项目施工管理　87

第一节　绿色建筑概述…………87

第二节　绿色施工技术…………103

第六章　常用建筑材料检验与评定　110

第一节　水泥…………110

第二节　粗集料…………115

第三节　细集料…………120

第四节　混凝土…………123

参考资料　137

第一章　建筑工程施工管理概述

第一节　建筑工程项目管理组织

一、建筑工程项目管理组织概述

（一）组织的含义

组织包含两层含义，第一层含义是指各生产要素相结合的形式和制度。通常，前者表现为组织结构；后者表现为组织的工作规则。组织结构又称为组织形式，反映了生产要素相结合的结构形式，即管理活动中各种职能的横向分工和层次划分。组织结构运行的规则和各种管理职能分工的规则即是工作制度。第二层含义是指管理的一种重要职能，即通过一定权利体系或影响力，为达到某种工作的目标，对所需要的一切资源（生产要素）进行合理配置的过程。它实质上是一种管理行为。

（二）建筑工程项目管理组织的概念

建筑工程项目管理组织是指建筑工程项目的参与者、合作者按照一定的规则或规律构成的整体。其是建筑工程项目的行为主体构成的协作系统。建筑工程项目投资大、建设周期长、参与项目的单位众多、社会性强，项目的实施模式具有复杂性。建筑工程项目的实施组织方式是通过研究工程项目的承发包模式，根据工程的合同结构和参与工程项目各方的工作内容来确定的。建筑市场的市场体系主要由三个方面构成，即以发包人为主体的发包体系；以设计、施工、供货方为主体的承建体系；以工程咨询、评估、监理为主体的咨询体系。市场主体三方的不同关系就会形成不同的建筑工程项目组织体系。目前，我国建筑工程项目组织的结构如图 1-1 所示。

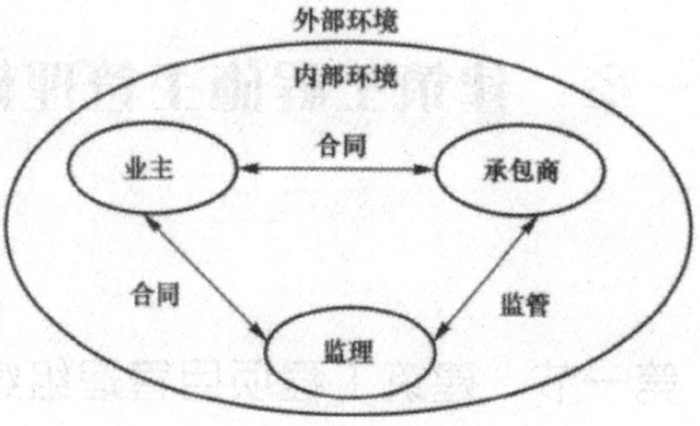

图 1-1 建筑工程项目组织的结构

与此相对应的参加者、合作者大致有以下几类：

（1）项目所有者（通常又称为业主）。业主居于项目组织的最高层，对整个项目负责。业主最关心的是项目整体经济效益，业主在项目实施全过程中的主要责任和任务是做项目的宏观控制。

（2）项目管理者（主要是指监理单位）。项目管理者由业主选定，为业主提供有效、独立的管理服务，负责项目实施过程中的具体事务性管理工作。项目管理者的主要责任是实现业主的投资意图，保护业主利益，达到项目的整体目标。

（3）项目专业承包商。项目专业承包商包括专业设计单位、施工单位和供应商等。项目专业承包商构成项目的实施层。

（4）政府机构。政府机构包括政府的土地、规划、水、电、通信、环保、消防、公安等部门。政府机构的协作和监督决定项目的成败。其中最重要的是建设部门的质量监督。

二、建筑工程项目承包模式

建筑工程项目承包模式是指从事工程承包的企业受业主委托，按照合同约定对工程项目的勘察设计、采购、施工、试运行（竣工验收）等实行一个阶段或多个阶段或全过程的承包作业的项目交易方式。根据承包范围可将工程承包模式分为三类：平行承包模式，即传统的设计、招标、施工依次进行的模式；单项总承包模式，比如施工总承包模式（GC 模式）；工程项目总承包模式，主要包括设计—施工总承包模式（DB 模式），设计—采购—施工总承包模式（EPC 模式）；由专业化机构进行项目管理的模式，如建筑工程管理模式（CM 模式）等。此外还包括特殊的投融资和建设模式（BOT 模式）等。本章主要介绍以下四种模式：

（一）平行承包模式（DBB 模式）

1. 概念

平行承包模式即设计—招标—施工模式（Design-Bid-Build），简称为 DBB 模式，是指业主将设计、设备供应、土建、电气安装、机械安装、装饰等工程分别委托给不同的承包商，各承包商分别与业主签订合同，向业主负责，各承包商之间没有合同关系。其是一种在国际上比较通用且应用最早的工程项目发包模式之一。我国第一个利用世界银行贷款项目——鲁布革水电站工程实行的就是这种模式。平行承包模式合同项目结构示意如图 1-2 所示。

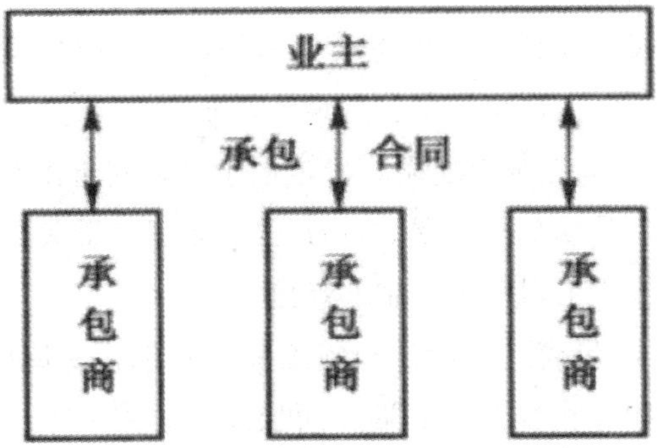

图 1–2 平行承包模式合同项目结构示意

2. 特点

（1）有利于业主择优选择承包商。由于合同内容比较单一、合同价值小、风险小，对不具备总承包管理能力的中、小承包商较为有利，使他们有可能参与竞争。业主可以在更大范围内选择承包商。

（2）有利于控制工程质量。通过分散平行承包，业主分阶段进行招标，可以通过协调和项目管理加强对工程实施过程的干预。同时，承包商之间存在着一定的制衡，各专业设计、设备供应、专业工程施工之间存在着制约关系。例如，主体工程与装修工程分别由两个施工单位承包，当主体工程不合格时，装修单位不会同意在不合格的主体工程上进行装修，这相当于有了他人控制，比自我控制更有约束力。

(3) 建设工期较长。该模式最突出的特点是强调工程项目的实施必须按照设计—招标—施工的顺序进行，只有一个阶段结束后另一个阶段才能开始，因此，建设周期较长。

(4) 组织管理和协调工作量大。在大型工程项目中，平行承包模式下业主需要面对很多承包商（设计单位、供应单位、施工单位），直接管理的承包商数量太多，管理跨度太大，容易出现项目协调困难，以及工程中的混乱和项目失控现象，最终导致总投资的增加和工期的延长。该模式需要业主具备较强的项目管理能力。但是业主可以委托项目管理公司（监理公司）进行工程管理。

(5) 业主负责各承包商之间的协调，对承包商之间由于互相干扰造成的问题承担责任。在整个项目的责任体系中会存在责任的“盲区”。例如，由于设计单位拖延造成施工图纸延误，土建和设备安装承包商向业主提出费用索赔，而设计单位又不承担或者承担很少的赔偿责任，所以，这类工程中组织争执较多，索赔较多，工期比较长。

(6) 工程造价控制难度大。一是由于总合同价不易短期确定，从而影响工程造价控制的实施；二是由于工程招标任务量大，需要控制多项合同价格，从而增加了工程造价控制的难度。

(7) 平行承包模式下设计和施工分别发包，易造成设计不考虑施工，缺乏对施工的指导和咨询等弊端，而且设计单位和施工承包商都缺乏项目优化的积极性。

(8) 相对于总承包模式而言，平行承包模式不利于发挥那些技术水平高、综合管理能力强的承包商的综合优势。

长期以来，我国的项目管理都采用这种承发包模式。这是我国建设工程项目存在问题的最主要原因之一。

（二）施工总承包模式（GC 模式）

1. 概念

业主委托一个施工单位或由多个施工单位组成的施工联合体或施工合作体作为施工总承包单位，经业主同意，施工总承包单位可以根据需要将施工任务的一部分分包给其他符合资质的分包人，称为施工总承包模式

（General Contractor），简称为 GC 模式。施工总承包模式合同结构示意如图 1-3 所示。

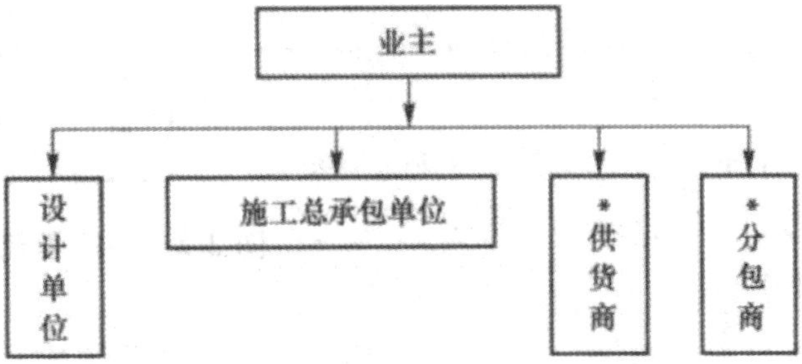

图 1–3 施工总承包模式合同结构示意

2. 特点

（1）投资控制方面。一般以施工设计图为投标报价的基础，投标人的投标报价较有依据；在开工前就有较明确的合同价，有利于业主对总投资进行控制；若在施工过程中发生设计变更，可能会引起索赔。

（2）进度控制方面。由于一般要等施工图设计全部结束后，业主才进行施工总承包的招标，因此开工日期不可能太早，建设周期会比较长。这是施工总承包模式的最大缺点，限制了其在建设周期紧迫的建设工程项目上的应用。

（3）质量控制方面。工程项目质量的好坏在很大程度上取决于施工总承包单位的管理水平和技术水平。

（4）合同管理方面。业主只需要进行一次招标，与施工总承包商签约，因此，招标及合同管理工作量将会减小。

（5）组织与协调方面。由于业主只负责对施工总承包单位的管理及组织协调，其组织与协调的工作量比平行发包会大大减少，对业主有利。

（三）设计—采购—施工总承包模式（EPC 模式）

设计—采购—施工总承包是指一家总承包商或承包商联合体对整个工程的设计（Engineering）、材料设备采购（Procurement）、工程施工（Construction）实行全面、全过程的“交钥匙”承包。设计—采购—施工总承包模式合同结构示意如图 1-4、图 1-5 所示。

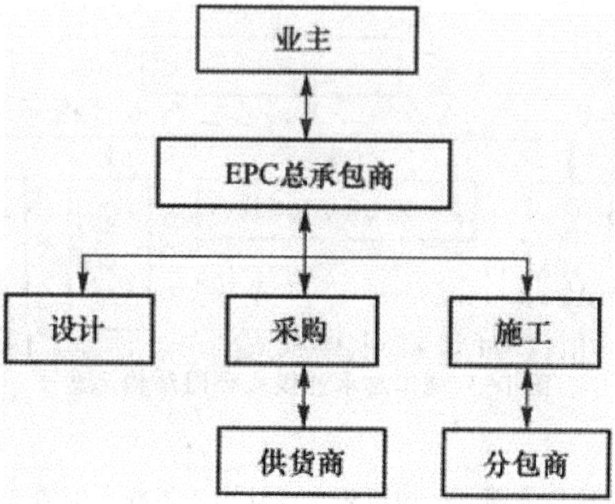

图 1-4 设计—采购—施工总承包模式合同结构示意（一）

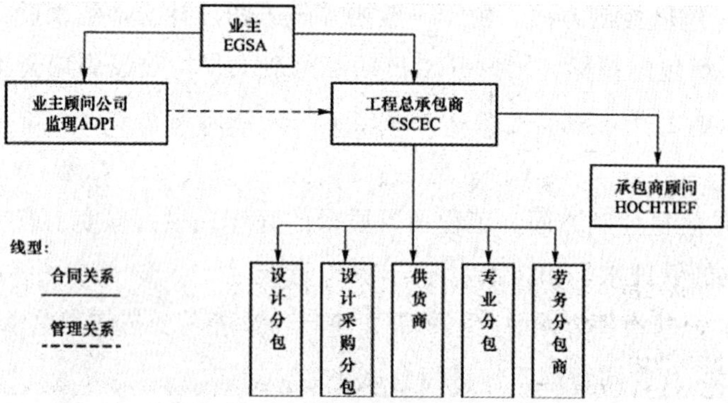

图 1-5 设计—采购—施工总承包模式合同结构示意（二）

（四）CM 承包模式

1. 概念

CM（Construction Management）承包模式是由业主委托 CM 单位，以一个承包商的身份，采取快速路径法（Fasttrack）的生产组织方式进行施工管理，直接指挥施工活动，在一定程度上影响设计活动，而它与业主的合同通常采用“Costplus”方式的一种承发包模式。

2. 分类

CM 单位有代理型（Agency）和非代理型（Non-Agency）两种。

（1）代理型CM承包模式是指CM承包商接受业主的委托进行整个工程的施工管理，协调设计单位与施工承包商的关系，保证在工程中设计和施工过程的搭接。业主直接与工程承包商和供应商签订合同，CM单位主要从事管理工作，与设计、施工、供应单位没有合同关系，这种形式在性质上属于管理工作承包。代理型CM承包模式合同结构示意如图1-6所示。

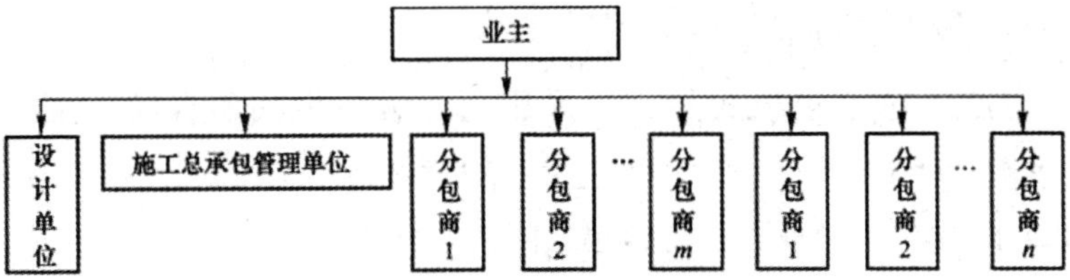

图1–6 代理型CM承包模式合同结构示意

（2）非代理型CM承包模式是指CM承包商直接与业主签订合同，接受整个工程施工的委托，再与分包商、供应商签订合同，CM承包商承担相应的施工和供应风险，可认为它是一种工程承包模式。非代理型CM承包模式合同结构示意如图1-7所示。

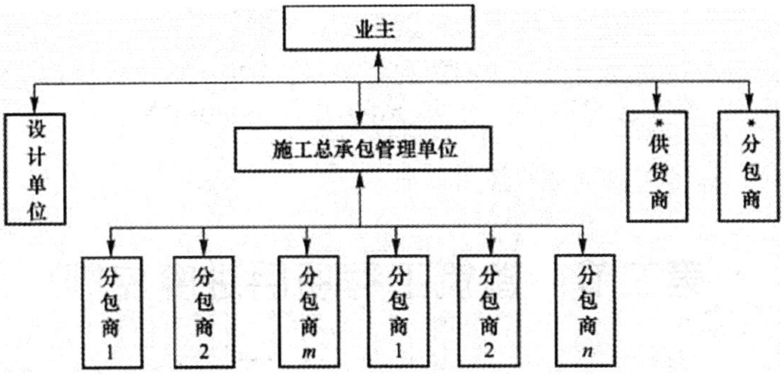

图1–7 非代理型CM承包模式合同结构示意

3. 特点

（1）采用快速路径法施工。即在工程设计尚未结束之前，当工程某些部分的施工图设计已经完成时，就开始进行该部分工程的施工招标，从而使这部分工程的施工提前到工程项目的设计阶段。

（2）CM合同采用成本加酬金方式。代理型和非代理型的CM合同是有区别的。由于代理型合同是业主与分包商直接签订，因此采用简单的成本加酬金合同形式。而非代理型合同则采用保证最大工程费用（GMP）加酬金的合同形式。这是因为CM合同总价是在CM合同签订之后，随着CM单位与各分包商签约而逐步形成的。只有保证最大工程费用，业主才能控制工程总费用。

（3）CM承包模式在工程造价控制方面的价值。CM承包模式特别适用于实施周期长、工期要求紧迫的大型复杂建设工程。其在工程造价控制方面的价值体现在以下几个方面：

①与施工总承包模式相比，采用CM承包模式的合同价更具合理性。

② CM单位不赚取总包与分包之间的差价。

③应用价值工程法挖掘节约投资的潜力。

④ GMP大大减少了业主在工程造价控制方面的风险。

近年来，我国实行的工程代建制就属于非代理型CM模式在公共工程项目上的应用。根据国家发改委起草、国务院通过的《投资体制改革方案》，工程项目代建制是指政府投资项目通过招标投标的方式，选择专业化的项目管理公司，负责项目的投资管理和建设组织实施工作，项目建成后交付使用单位。其实质是以专业化的项目管理公司代替建设单位行使建设期项目法人的职责，将传统管理体制中的“建、用合一”改为“建、用分开”，并割断建设单位与使用单位之间的利益关系，使用单位不直接参与建设，实现项目管理队伍的专业化，从而有效提高项目管理水平，有效控制质量、进度和费用，保证财政资金的使用效率。

第二节　建筑工程项目进度控制

建筑工程项目能否在规定的工期内交付使用，直接关系到投资效益的发挥，尤其对生产性或商业性投资来说更是如此。因此，对工程项目进度进行有效的控制，使其顺利达到预定的目标，是业主、监理工程师和承包商在进行建筑工程项目管理时的中心任务和在项目实施过程中一项必不可少的重要环节。建筑工程项目进度控制是一项复杂的系统工程，是一个动态的实施过程。通过进度控制，不仅能有效地缩短项目建设周期，减少各个单位和部门之间的相互干扰，还能更好地落实施工单位的各项施工计划。

合理使用资源，保证施工项目成本、进度和质量等目标的实现，也为防止或提出索赔提供依据。

一、建筑工程项目进度控制的概念

建筑工程项目进度控制是指在实现工程项目总目标的过程中，为使工程建设的实际进度符合项目进度计划的要求，使项目按计划要求的时间完工而开展的有关监督管理活动。建筑工程项目进度控制的总目标就是项目最终完工的计划时间，也就是工业项目负荷联动试车成功、民用项目交付使用的计划时间。建筑工程项目进度控制是对工程项目从策划与决策开始、经设计与施工，直至竣工验收交付、使用截止全过程的控制。

二、建筑工程项目进度控制的原理及程序

（一）建筑工程项目进度控制的原理

1. 动态控制原理

建筑工程项目进度管理是一个动态控制过程，也是一个循环进行的过程。在进度计划执行过程中，由于各种干扰因素的影响，实际进度与计划进度可能会产生偏差。分析偏差产生的原因，采取相应的措施，调整原来的计划，继续按新计划开展施工活动，并且尽量发挥组织管理的作用，使实际工作按计划进行。但是在新的干扰因素作用下，又会产生新的偏差。施工进度计划控制就是采用这种循环的动态控制方法。

2. 系统控制原理

该原理认为，工程项目施工进度管理本身是一个系统工程。施工项目计划系统包括项目施工进度计划系统和项目施工进度实施组织系统两部分内容。

（1）项目施工进度计划系统。为了对施工项目实行进度计划控制，首先必须编制施工项目的各种进度计划，其中有施工项目总进度计划、单位工程进度计划、分部分项工程进度计划、季度和月（旬）作业计划。这些计划组成一个施工项目进度计划系统，计划的编制对象由大到小，计划的内容从粗到细。编制时，从总体计划到局部计划，逐层进行控制目标分解，以保证计划控制目标落实。执行计划时，从月（旬）作业计划开始实施，逐级按目标控制，从而达到对施工项目整体进度目标的控制。

（2）项目施工进度实施组织系统。项目经理、施工队长、班组长及所属全体成员组成了施工项目实施的完整组织系统，其应按照施工进度规定的要求落实和完成各自的任务，为了保证施工项目按照进度实施，自公司经理、项目经理，一直到作业班组都应设专门职能部门或人员负责汇报。统计整理实际施工进度的资料，并与计划进度比较分析和进行调整，形成一个纵横连接的施工项目控制组织系统。

3. 信息反馈原理

信息反馈是施工项目进度管理的主要环节。建筑工程项目进度管理就是对有关施工活动和进度的信息不断收集、加工、汇总、反馈的过程。施工项目信息管理中心要对收集的施工进度和相关影响因素的资料进行加工分析，由领导作出决策后，向下发出指令，指导施工或对原计划作出新的调整、部署。基层作业组织根据计划和指令安排施工活动，并将实际进度和遇到的问题随时上报。每天都有大量的内外部信息、纵横向信息流进流出，若不应用信息反馈原理，不断地进行信息反馈，则无法进行进度管理。

4. 弹性原理

施工项目工期长，影响进度的原因多，根据统计经验估计出影响的程度和出现的可能性，并在确定进度目标时，进行实现目标的风险分析。在计划编制者具备了这些知识和实践经验之后，编制施工项目进度计划时就会留有余地，也就是使施工进度计划具有弹性。在进行项目进度控制时，便可以利用这些弹性，如之前拖延了工期，通过缩短剩余计划工期的方法，或者改变它们之间的逻辑关系，仍然可以达到预期的计划目标，这就是施工项目进度控制中对弹性原理的应用。

5. 封闭循环原理

项目的进度计划管理的全过程是计划、实施、检查、比较分析、确定调整措施、再计划。从编制项目施工进度计划开始，经过实施过程中的跟踪检查，收集有关实际进度的信息，比较和分析实际进度与施工计划进度之间的偏差，找出其产生的原因和解决的办法，确定调整措施，再修改原进度计划，形成一个封闭的循环系统。

（二）建筑工程项目进度控制的程序

建筑工程项目经理部应按下列程序进行项目进度控制：

（1）根据施工合同确定的开工日期、总工期和竣工日期确定施工进度目标，明确计划开工日期、计划总工期和计划竣工日期，并确定项目分期分批的开工、竣工日期。

(2) 编制施工进度计划。施工进度计划应根据工艺关系、组织关系、搭接关系、起止时间、劳动力计划、材料计划、机械计划及其他保证性计划等因素综合确定。

(3) 向监理工程师提交开工申请报告，并应按监理工程师下达的开工令指定的日期开工。

(4) 实施施工进度计划。当出现进度偏差（不必要的提前或延误）时，应及时进行调整，并应不断预测未来进度状况。

(5) 全部任务完成后应进行进度控制总结并编写进度控制报告。

三、施工项目 进度控制目标的确定与体系

(一) 施工项目进度控制目标的确定

为了提高进度计划的预见性和进度控制的主动性，在确定施工项目进度控制目标时，必须全面细致地分析与建筑工程进度有关的各种有利因素和不利因素。

1. 确定施工项目进度控制目标的主要依据

确定施工项目进度控制目标的主要依据有建筑工程总进度目标对施工工期的要求、工期定额、类似工程项目的实际进度、工程难易程度和工程条件的落实情况等。

2. 确定施工项目进度分解目标时需要考虑的因素

(1) 对于大型工程项目，应根据尽早提供可动用单元的原则，集中力量分期分批建设，以便尽早投入使用，尽快发挥投资效益。

(2) 合理安排土建与设备的综合施工。要按照它们各自的特点，合理安排土建施工与设备基础建设、设备安装的先后顺序及搭接、交叉或平行作业，明确设备工程对土建工程的要求和土建工程为设备工程提供施工条件的内容及时间。

(3)结合本工程的特点，参考同类建设工程的经验来确定施工进度目标。避免只按主观愿望盲目确定进度目标，从而在实施过程中造成进度失控。

(4) 做好资金供应能力、施工力量配备、物资供应能力与施工进度的平衡工作，确保工程进度目标的要求而不使其落空。

（5）考虑外部协作条件的配合情况。其包括在施工过程中及项目竣工所需的水、电、气、通信、道路及其他社会服务项目的满足情况和满足时间。

（6）考虑工程项目所在地区地形、地质、水文、气象等方面的限制条件。

总之，要想对工程项目的施工进度实施控制，就必须有明确、合理的进度目标（进度总目标和进度分目标）。否则，控制便失去了意义。

2. 施工项目进度控制目标体系

保证工程项目按期建成交付使用，是建筑工程施工阶段进度控制的最终目的。为了有效地控制施工进度，首先要将施工进度总目标从不同角度进行层层分解，形成施工项目进度控制目标体系，从而作为实施进度控制的依据。

建筑工程施工项目进度控制，不但要有总目标，还要有各单位工程交工的分目标，以及按承包单位、施工阶段和不同计划期划分的分目标，各目标之间相互联系，共同构成建筑工程施工进度控制目标体系。其中，下级目标受上级目标的制约，下级目标保证上级目标，最终保证施工进度总目标的实现。

（1）按项目组成分解，确定各单位工程开工日期。在施工阶段进一步明确各单位工程的开工和交工日期，以确保施工总进度目标的实现。

（2）按承包单位分解，明确分工条件和承包责任。在一个工程中有多个承包单位参加施工时，应按承包单位将工程的进度目标分解，确定出各分包单位的进度目标，列入分包合同，以便落实分包责任，并根据各专业工程交叉施工方案和前后衔接条件，明确不同承包单位工作交接的条件和时间。

（3）按施工阶段分解，划定进度控制分界点。根据工程项目的特点，应将施工分解成几个阶段，如土建工程可分解为基础、结构和内外装修阶段。每一阶段的起止时间都要有明确的标志。特别是不同单位承包的不同施工段之间，更要明确划定时间分界点，以此作为形象进度的控制标志，从而使工程目标具体化。

（4）按计划期分解，组织综合施工。将工程项目的施工进度控制目标按年、季、月（旬）进行分解，并用实物工程、货币工作量及形象进度表示，将更有利于对施工进度进行控制。

四、建筑工程项目进度控制方法及进度计划调整

(一)建筑工程项目进度控制方法

(1) 横道图比较法。横道图比较法是指将项目实施过程中检查实际进度收集到的数据,经加工整理后直接用横道线平行绘于原计划的横道线处,进行实际进度与计划进度比较的方法。用横道图编制施工进度计划,指导施工的实施已是人们常用的、很熟悉的方法。其具有简明、形象直观、编制方法简单、使用方便的优点。

(2) S 形曲线比较法。S 形曲线比较法是以横坐标表示进度时间,纵坐标表示累计完成任务量,而绘制出一条按计划时间累计完成任务量的 S 形曲线,将施工项目的各检查时间实际完成的任务量与 S 形曲线进行实际进度与计划进度相比较的一种方法。

S 形曲线比较法同横道图比较法一样,是在图上直观地进行施工项目实际进度与计划进度相比较。在一般情况下,计划进度控制人员在计划实施前绘制出 S 形曲线。在项目施工过程中,按规定时间将检查的实际完成情况,绘制在与计划 S 形曲线同一张图上,可得出实际进度 S 形曲线。

(3) “香蕉”形曲线比较法。一般情况下,任何一个施工项目的网络计划,都可以绘制出两条曲线。其一是计划以各项工作的最早开始时间安排进度而绘制的 S 形曲线,称为 ES 曲线;其二是计划以各项工作的最迟开始时间安排进度,而绘制的 S 形曲线,称为 LS 曲线。两条 S 形曲线都是从计划的开始时刻至完成时刻结束,因此,两条曲线是闭合的。一般情况下,其余时刻 ES 曲线上的各点均落在 LS 曲线相应点的左侧,形成一个形如“香蕉”M 的曲线,故称为“香蕉”形曲线。

在项目的实施过程中,进度控制的理想状况是任一时刻按实际进度描绘的点,应落在该“香蕉”形曲线的区域内。

(4) 前锋线比较法。当绘制时标网络计划时,可采用前锋线比较法对进度的执行情况进行检查记录。前锋线是从计划检查时间的坐标点出发,用点划线依次连接各项工作的实际进度点,最后到计划检查时间的坐标点为止所形成的折线。

按前锋线与工作箭线交点的位置判定施工实际进度与计划进度偏差。在检查日期左侧的点,表示计划进度拖后;在检查日期上的点,表示实际进度和计划进度一致;在检查日期右侧的点,表示提前完成进度计划。

（二）建筑工程项目进度计划调整

1. 分析进度偏差产生的影响

根据实际进度与计划进度的对比结果，便可以判断实际进度是否与计划进度相偏离。当出现进度偏差时，必须分析此偏差对后续工作和总工期的影响程度，然后决定是否进行计划的调整，以及调整的方法和措施。由于偏差的大小及偏差所处的位置不同，对后续工作及总工期的影响程度也是不同的，因此，可利用网络计划中工作的总时差和自由时差进行判断。具体分析步骤如下：

（1）判断进度偏差是否大于总时差。如果工作进度偏差大于其总时差，则无论该工作是否为关键工作，其实际进度偏差必将影响后续工作和项目总工期，应根据项目工期及后续工作的限制条件调整原计划；如果工作进度偏差未超出其总时差，说明此偏差不会影响项目总工期，但是否对后续工作产生影响，还需要进一步判断。

（2）判断进度偏差是否大于自由时差。如果工作进度偏差大于其自由时差，说明此偏差必将对后续工作产生影响，应根据后续工作的限制条件调整原计划；如果工作进度偏差未超出其自由时差，说明此偏差对后续工作无影响，可不对原计划进行调整。经过以上分析，进度控制人员便可根据对后续工作及项目总工期的不同影响程度而采取相应的进度调整措施，以便获得新的进度计划，用于指导工程项目的施工。

2. 进度计划在实施中的调整方法

为了实现进度目标，当进度控制人员发现问题时，必须对后续工作的进度计划进行调整，但由于可行的调整方案可能有多种，究竟采取什么调整方案和调整方式，就必须对具体的实施进度进行分析才能确定。进度调整的方法有以下几种：

（1）改变工作之间的逻辑关系。这种方法是通过改变关键线路和超过计划工期的非关键线路上的有关工作之间的逻辑关系，达到缩短工期的目的。只有在工作之间的逻辑关系允许改变的情况下，才能采用这种方法。这种调整方法可将顺序施工的某些工作改变成平行施工或搭接施工，或划分为若干个施工段组织流水施工。但由于增加了各工作之间的相互搭接时间，因而进度控制工作显得更加重要，实施过程中必须做好协调工作。另外，若原始计划是按搭接施工或流水施工方式编制的，而且安排较紧凑，其可调范围（即总工期缩短的时间）会受到限制。

(2) 缩短某些工作的持续时间。这种方法可以不改变工作之间的逻辑关系，只缩短某些工作的持续时间，从而加快施工进度以保证实现计划工期。这些被压缩持续时间的工作是位于因施工进度的拖延而引起总工期延长的关键线路和某些非关键线路上的工作，而且这些工作的持续时间还必须允许压缩。具体的压缩方法就是采用网络计划工期优化的方法。一般考虑以下两种情况：

①网络计划中某项工作进度拖延的时间已超过自由时差，但未超过总时差。这种拖延不会对总工期产生影响，只对后续工作产生影响，因此，只对有影响的后续工作进行调整即可。

a. 通过跟踪检查，确定受影响的后续工作。

b. 确定受影响的后续工作允许拖延的时间限制，以此作为进度调整的限制条件。

c. 按检查时的实际进度重新计算网络参数，确定受影响的后续工作的允许开始时间。

d. 判断各允许开始时间是否满足进度调整的限制条件。若满足，可不必调整计划；若不满足，则可利用工期优化的方法来确定压缩的工作对象及其压缩的时间来满足限制条件。

②网络计划中某项工作进度拖延的时间已超过总时差。这将会对后续工作及总工期产生影响，其进度计划的调整方法视限制条件不同可分为以下几种情况：

a. 项目总工期不允许拖延。这时需要采用工期—费用优化方法，以原计划总工期为目标，在关键线路上寻找缩短持续时间付出代价最小的工作，压缩其持续时间，以满足原计划总工期要求。

b. 项目总工期允许拖延。这时只需用实际数据取代原始数据，重新计算网络计划时间参数，确定出最后完成的总工期。

c. 项目总工期允许拖延的时间有限。此时可以将总工期的限制时间作为规定工期，用实际数据对还未实施的部分进行工期—费用优化，压缩网络计划中某些工作的持续时间，以满足工期要求。

以上三种进度调整方法，均是以总工期为限制条件来进行的。除此之外，还应考虑网络计划中某些后续工作在时间上的限制条件。

3. 改变施工方案

当上述两种方法均无法达到进度目标时，只能选择更为先进快速的施工机具、施工方法来加快施工进度。

第二章 建筑施工安全管理

第一节 安全管理概述

安全生产，是发生在生产经营单位的行为，是指在组织生产经营活动的过程中，为避免发生造成人员伤害和财产损失，而采取相应的事故预防和控制措施，以保证从业人员的人身安全，保证生产经营活动得以顺利进行的相关活动。

安全，对于人类来说，是一个极为重要的课题。因此，国际劳工组织每年都要召开由雇员、雇主、政府三方代表参加的国际性会议，重点研究减少事故、预防灾难的对策。美国的著名学者马斯洛曾经说过，人有五种需要：生理需要、安全需要、社交需要、尊重需要和自我实现需要。这就是说，人类在求得生存的基础上，接下来就是谋求安全的需要，可见安全对于人来说是何等重要。然而，人类的生存，必须靠生产劳动实践活动来满足物质和文化的需要。但是在生产劳动过程中，由于生产劳动的客观条件和人的主观状况，使得人类不得不面临各类危害人安全与健康的因素。

一、安全生产与安全管理

（一）安全生产

安全，即没有危险、不出事故，是指人的身体健康不受伤害，财产不受损失并保持完整无损的状态。安全可分为人身安全和财产安全两种情形。

安全生产是指在社会生产活动中，通过人、机、物料、环境的和谐运作，使生产过程中潜在的各种事故风险和伤害因素始终处于有效控制状态，切实保护劳动者的生命安全和身体健康。

（二）安全生产管理

安全生产管理是管理的重要组成部分，是安全科学的一个分支。所谓安全生产管理，就是针对人们在生产过程中的安全问题，运用有效的资源，发挥人们的智慧，通过人们的努力，进行有关决策、计划、组织和控制等活动，实现生产过程中人与机器设备、物料、环境的和谐，达到安全生产的目标。

安全生产管理的目标是：减少和控制危害，减少和控制事故，尽量避免生产过程中由于事故所造成的人身伤害、财产损失、环境污染以及其他损失。安全生产管理包括安全生产法治管理、行政管理、监督检查、工艺技术管理、设备设施管理、作业环境和条件管理等方面。

安全生产管理的基本对象是企业的员工，涉及企业中的所有人员、设备设施、物料、环境、财务、信息等各个方面。安全生产管理的内容包括：安全生产管理机构和安全生产管理人员、安全生产责任制、安全生产管理规章制度、安全生产策划、安全培训教育、安全生产档案等。

二、安全生产管理的基本方针

安全生产管理方针的演变。安全生产管理的基本方针是“安全第一，预防为主，综合治理”，其具体含义如下：

（一）安全第一

“安全第一”的内涵就是要把安全生产工作放在第一位，不论在干什么、什么时候都要抓安全，任何事情都要为安全让路。各级行政正职是安全生产的第一责任人，必须亲自抓安全生产工作，确保把安全生产工作列在所有工作的前边。要正确处理好安全生产与效益的关系，当两者发生矛盾时，坚持“安全第一”的原则。

（二）预防为主

“预防为主”的内涵主要是要求安全工作要做好事前预防，要依靠安全技术手段，加强安全科学管理，提高员工素质。从本源入手，加强危险源管理，有效治理隐患，强化事故预防措施，使事故得到预先防范和控制，保证生产安全化。

（三）综合治理

把“综合治理”充实到安全生产方针之中，反映了近年来我国在进一步改革开放过程中，安全生产工作面临着多种经济所有制并存，而法治尚不健全完善、体制机制尚未理顺，以及急功近利只顾快速不顾其他的发展观。应以科学发展观体现的好的安全、环境、质量为指导，充分了解安全生产工作的规律特点。要全面理解“安全第一、预防为主、综合治理”的安全生产方针，绝不可脱离当前我国的国情。

三、安全生产管理中的不安全因素

人的不安全因素，是指对安全产生影响的人的因素，即能够使系统发生故障或发生性能不良事件的人员、个人的不安全因素以及违背设计和安全要求的错误行为。人的不安全因素可分为个人的不安全因素和人的不安全行为两个大类。

（一）个人的不安全因素

个人的不安全因素，是指人员的心理、生理、能力中所具有的不能适应工作或作业岗位要求的影响安全的因素。个人的不安全因素主要包括以下几个方面：

（1）心理上的不安全因素，是指人在心理上具有影响安全的性格、气质和情绪，如急躁、懒散、粗心等。

（2）生理上的不安全因素，包括视觉、听觉等感觉器官，以及体能、年龄、疾病等不适合工作或作业岗位要求的影响因素。

（3）能力上的不安全因素，包括知识技能、应变能力、资格等不能适应工作或作业岗位要求的影响因素。

（二）人的不安全行为

1. 人的不安全行为

是指造成事故的人为错误，是人为地使系统发生故障或发生性能不良事件，是违背设计和操作规程的错误行为。

在施工现场，不安全行为按《企业职工伤亡事故分类标准》（GB6441-1986）可分为 13 个大类：

（1）操作失误，忽视安全，忽视警告；

（2）造成安全装置失效；

(3) 使用不安全设备;

(4) 用手代替工具操作;

(5) 物体存放不当;

(6) 冒险进入危险场所;

(7) 攀、坐不安全位置;

(8) 在起吊物下作业、停留;

(9) 在机器运转时加油、修理、检查、调整、焊接、清扫等工作;

(10) 有分散注意力行为;

(11) 在必须使用个人防护用品、用具的作业或场合中,忽视其使用;

(12) 不安全装束;

(13) 对易燃、易爆等危险物品处理错误。

不安全行为产生的主要原因有系统、组织的原因,思想、责任心的原因,工作的原因,等等。诸多事故分析表明,绝大多数事故不是因技术解决不了造成的,多是违规、违章所致,是由于安全上降低标准、减少投入,安全组织措施不落实,不建立安全生产责任制,缺乏安全技术措施,没有安全教育、安全检查制度,不做安全技术交底,违章指挥、违章作业、违反劳动纪律等人为因素造成的,所以必须重视和防止产生人的不安全行为。

2. 施工现场物的不安全状态

物的不安全状态是指能导致事故发生的物质条件,包括机械设备等物质或环境所存在的不安全因素。

(1) 物的不安全状态的内容。①物(包括机器、设备、工具等)本身存在的缺陷;②防护保险方面的缺陷;③物的放置方法的缺陷;④作业环境场所的缺陷;⑤外部的和自然界的不安全状态;⑥作业方法导致的物的不安全状态;⑦保护器具信号、标志和个体防护用品的缺陷。

(2) 物的不安全状态的类型。①防护等装置缺乏或有缺陷;②设备、设施、工具、附件等有缺陷;③个人防护用品、用具缺少或有缺陷;④施工生产场地环境不良。

3. 管理上的不安全因素

管理上的不安全因素,通常也称为管理上的缺陷,是事故潜在的不安全因素,作为间接的原因有以下六个方面:

(1) 技术上的缺陷;

(2) 教育上的缺陷;

(3) 生理上的缺陷；
(4) 心理上的缺陷；
(5) 管理工作上的缺陷；
(6) 教育和社会、历史上的原因造成的缺陷。

四、现代安全管理的特点

（一）安全管理的政策性

安全管理必须贯彻党和国家的安全生产方针，坚持安全第一、预防为主，执行安全生产政策，以方针为导向，靠政策管理。

（二）安全管理的法规性

安全法规是指关于安全生产方面的各种条例、决策、命令、规定、办法、技术标准及指标等，它是人们在生产过程中的行为准则。

（三）安全管理的权威性

根据“安全具有否决权”的原则和“强制”的观点，安全管理必须在实际工作中建立权威，做到有令则行，有禁则止。

（四）安全管理的思想性

生产系统由“人、管理、物资、环境”所组成，安全管理的重中之重是人，关键是做好人的思想工作，建立安全意识。

（五）安全管理的科学性

安全管理必须按照客观规律办事，才能获得成功，达到应有效果。如瓦斯爆炸必须具备三个条件在同一时空集合，否则就不会发生，这就是科学性。

（六）安全管理的全面性

安全管理是一个动态系统的管理工作，忽视任何一个方面都不行。

（七）安全管理的复杂性

安全管理是对一个由自然、社会、工程三大系统所组成的复杂而庞大的人造系统做工作，涉及方方面面。

五、安全管理的范围与原则

（一）施工现场安全管理的范围

安全管理的中心问题是保护生产活动中人的健康与安全以及财产不受损伤，保证生产顺利进行。

概括地讲，宏观的安全管理包括劳动保护、施工安全技术和职业健康安全，它们是既相互联系又相互独立的三个方面。劳动保护偏重以法律、法规、条例、制度等形式规范管理或操作行为，从而使劳动者的劳动环境与身体健康得到应有的法律保障。施工安全技术侧重于对劳动手段和劳动对象进行管理，包括预防伤亡事故的工程技术和安全技术规范、规程、技术规定、标准条例等，以规范物的状态，减轻对人或物的威胁。职业健康安全着重于施工生产中粉尘、振动、噪音、毒物的管理，通过防护、医疗、保健等措施，防止劳动者的安全与健康受到有害因素的危害。

（二）安全管理的原则

1. 管理生产的同时也要管理安全

安全寓于生产之中，并对生产具有促进与保证作用。安全与生产虽有时会出现矛盾，但从安全管理、生产管理的目标、目的看，则表现出高度的一致性和统一性。

安全管理是生产管理的重要组成部分，安全与生产两者存在着密切的联系，存在着进行共同管理的基础。

在《国务院关于加强企业生产中安全工作的几项规定》中指出，企业单位的各级领导人员在管理生产的同时，必须负责管理安全工作，并且企业中各有关专职机构，都应该在各自业务范围内，对实现安全生产的要求负责。

管理生产的同时也要管理安全，这不仅明确了各级领导人员的安全管理责任，同时，也明确了所有与生产有关的机构、人员业务范围内的安全管理责任。由此可见，所有与生产有关的机构、人员都必须参与安全管理并在管理中承担责任。所以，认为安全管理只是安全部门的事，是一种片面的、错误的认识。

2. 坚持安全管理的目的性

进行安全管理不是处理事故，而是在生产活动中针对生产的特点，对生产因素采取管理措施，有效地控制不安全因素的发展与扩大，把可能发生的事故消灭在萌芽状态，以保证生产活动中人的安全与健康。

3. 必须贯彻预防为主的方针

贯彻预防为主，首先要端正对生产中不安全因素的认识，端正消除不安全因素的态度，选准消除不安全因素的时机。在安排与布置生产内容的时候，针对施工生产中可能出现的危险因素，采取措施予以消除是最佳选择。在生产活动过程中，经常检查、及时发现不安全因素，采取措施，明确责任，尽快地、坚决地予以消除，是安全管理应有的鲜明态度。

4. 坚持“四全”动态原理

安全管理不仅是少数人和安全机构的事，而是一切与生产有关的人共同的事。缺乏全员的参与，安全管理不会出现好的管理效果。当然，这并非否定安全管理第一责任人和安全机构的作用。生产组织者在安全管理中的作用固然重要，全员性参与管理也十分重要。因此，生产活动中必须坚持全员、全过程、全方位、全天候的动态安全管理。

5. 安全管理重在控制

进行安全管理的目的是预防、消灭事故，防止或消除事故伤害，保护劳动者的安全与健康。在安全管理的四项主要内容中，虽然都是为了达到安全管理的目的，但是对生产因素状态的控制，与安全管理目的关系更直接，也显得更为突出。因此，对生产中人的不安全行为和物的不安全状态的控制，必须看作是动态的安全管理的重点。事故的发生，是由于人的不安全行为运动轨迹与物的不安全状态运动轨迹相交叉。从事故发生的原理来看，也说明了对生产因素状态的控制，应该被当作安全管理重点，而不能把约束当作安全管理的重点，这是因为约束缺乏带有强制性的手段。

6. 在管理中发展提高

既然安全管理是在变化着的生产活动中的管理，是动态的。其管理就意味着是不断发展的、不断变化的，以适应变化的生产活动，消除新的危险因素。然而更为需要的是不间断地摸索新的规律，总结管理、控制的办法与经验，指导新的变化后的管理，从而使安全管理不断地上升到新的高度。

第二节　施工安全技术措施

一、土方工程

（一）土方开挖与回填的施工安全技术措施

（1）基坑（槽）开挖时，两人操作间距应大于 2.5 米。多台机械开挖，挖土机间距应大于 10 米。在挖土机工作范围内，不允许进行其他作业。挖土应从上而下，逐层进行，严禁先挖坡脚或逆坡挖土。

（2）土方开挖不得在危岩、孤石的下面或贴近未加固的危险建筑物的下面进行。施工中应防止地面水流入坑、沟内，以免发生边坡塌方。

（3）基坑周边严禁超荷载堆放。在坑边堆放弃土、材料和移动施工机械时，应与坑边保持一定的距离，当土质良好时，要距坑边 1 米以外，堆放高度不能超过 1.5 米。

（4）基坑（槽）开挖应严格按要求进行放坡。施工时应随时注意土壁的变化情况，如发现有裂纹或部分坍塌现象，应及时进行加固支撑或放坡，并密切注意支撑的稳固性和土壁的变化。当采取不放坡开挖时，应设置临时支护，各种支护应根据土质及基坑深度经计算确定。

（5）采用机械多台阶同时开挖时，应验算边坡的稳定性，挖土机离边坡应保持一定的安全距离，以防塌方，造成翻机事故。

（6）在有支撑的基坑（槽）中使用机械挖土时，应防止碰坏支撑。在坑（槽）边使用机械挖土时，应计算支撑的强度，必要时应加强支撑。

（7）开挖至坑底标高后坑底应及时封闭并进行基础工程施工。

（8）在进行基坑（槽）和管沟回填土时，其下方不得有人，所使用的打夯机等设备应检查电气线路，防止漏电、触电，停机时应切断电源。

（9）在拆除护壁支撑时，应按照回填顺序，从下而上逐步拆除。更换护壁支撑时，必须先安装新的，再拆除旧的。

（二）特殊地段土方开挖施工安全技术措施

1. 斜坡地段挖方

土坡坡度要根据工程地质和土坡高度，结合当地同类土体的稳定坡度值确定。土方开挖应从上而下、分层分段依次进行，并随时做成一定的坡势以利泄水，且不应在影响边坡稳定的范围内积水。

在斜坡上方弃土时，应保证挖方边坡的稳定性。弃土堆应连续设置，其顶面应向外倾斜，以防山坡水流入挖方场地。当坡度大于 20° 或在软土地区时，应禁止在挖方上侧弃土。在挖方下侧弃土时，要将弃土表面整理平整，并向外倾斜，弃土表面要低于挖方场地的设计标高。

2. 滑坡地段挖方

开挖时，必须遵循由上而下的开挖顺序，严禁先切除坡脚。应从滑坡体两侧向中部自上而下进行，严禁全面拉槽开挖，弃土不得堆放在主滑区内，开挖挡墙基槽时也应从滑坡体两侧向中部分段跳槽进行，并加强支撑，及时砌筑、回填墙背，施工过程中应设专人观察，严防塌方。

3. 湿土地区开挖

施工前，需要做好地面排水和降低地下水位的工作，若为人工降水，要降至坑底 0.5—1 米时，方可开挖，采用明排水时可不受此限制。相邻基坑和管沟开挖时，要先深后浅，并要及时做好基础。

4. 膨胀土地区挖方

开挖前，要做好排水工作，防止地表水、施工用水和生活废水浸入施工现场或冲刷边坡。开挖后的基土不许受烈日暴晒或水浸泡。开挖、作垫层、基础施工和回填土等要连续进行。采用砂地基时，要先将砂浇水至饱和后再铺填夯实，不能用在基坑或管沟内浇水使砂沉落的方法施工。

二、基坑工程

（一）基坑工程安全控制概述

1. 基坑工程的分类

基坑工程分为深基坑工程和浅基坑工程，按照住房和城乡建设部发布的《危险性较大的分部分项工程安全管理规定》：深基坑工程是指“开挖深度超过 5 米的基坑以及开挖深度虽未超过 5 米，但地质条件、周边环境和地下管线复杂，或影响毗邻建筑物安全的基坑工程”。深基础施工挖、填土方，应编制深基坑（槽）安全边坡、土壁支护、高切坡、桩基及地下暗挖工程等专项施工技术方案，并组织专家评审。

2. 深基坑工程安全事故的主要表现形式和原因

基坑工程事故类型很多。在水土压力的作用下，支护结构可能发生破坏，支护结构形式不同，破坏形式也有差异。渗流可能引起流土、突涌，造成破坏。围护结构变形过大及地下水流失，引起周围建筑物及地下管线破坏也属基坑工程事故。常见的基坑工程安全事故表现形式和原因如下：

（1）支护结构变形引起的沉降

在深基坑工程施工过程中，会对周围土体有不同程度的扰动，一个重要影响表现为引起周围地表不均匀下沉，从而影响周围建筑、构筑物及地下管线的正常使用，严重的造成工程事故。

（2）基坑降水引起的沉降

在深基坑开挖过程中，降低地下水位过大或围护结构有较大变形时，可能会引起基坑周围地面沉降。不均匀沉降过大时，还有可能引起建筑物倾斜，墙体、道路及地下管线开裂等严重问题。

（3）围护体系折断

由于施工抢进度，超量挖土，支撑架设跟不上，使围护体系大量缺少设计上必须的支撑，或者由于施工单位不按图施工，抱侥幸心理，少加支撑，致使围护体系应力过大而折断或支撑轴力过大而被破坏以及产生大变形。

（4）围护体整体失稳模式

基坑开挖后，土体沿围护墙体所形成的圆弧滑面或软弱夹层发生整体滑动失稳的破坏。

（5）围护体踢脚破坏模式

由于基坑围护墙体插入基坑底部深度较小、底部土体强度较低，从而会导致围护墙底向基坑内发生较大的“踢脚”变形，同时引起坑内土体隆起。

（6）坑内土滑坡，使内支撑失稳

在类似地铁车站那样的长条形基坑内区放坡挖土，由于放坡较陡、降雨或其他原因引致滑坡、冲毁基坑内先期施工的支撑及立柱，导致基坑被破坏。

（7）基坑壁流土破坏

在饱和含水地层（特别是有砂层、粉砂层或者其他的夹层等透水性较好的地层），由于围护墙的止水效果不好或止水结构失效，致使大量的水夹带砂粒涌入基坑，严重的水土流失会造成地面塌陷。

（8）基坑底突涌破坏

由于对承压水的降水不当，在隔水层中开挖基坑时，当基底以下承压含水层的水头压力冲破基坑底部土层时，发生坑底突涌破坏。

（9）基坑底管涌

在砂层或粉砂底层中开挖基坑时，在不打井点或井点失效后，会产生冒水翻砂（即管涌），严重时会导致基坑失稳。

3. 深基坑工程的安全控制要点

深基坑工程安全施工的控制要点主要是控制支护结构安全、控制地下水位平稳、控制基坑周边建筑物的沉降，控制手段主要是基坑监测。

（二）基坑工程开挖与监测

1. 基坑（槽）开挖前的勘察内容

（1）详尽收集工程地质和水文地质资料。

（2）认真查明地上、地下各种管线（如上下水、电缆、煤气、污水、雨水、热力等管线或管道）的分布和性状、位置和运行状况。

（3）充分了解、查明周围建（构）筑物的状况。

（4）充分了解、查明周围道路交通状况。

（5）充分了解周围施工条件。

2. 基坑工程的监测

（1）基坑开挖前应制定系统的开挖监测方案，监测方案应包括监控目的、监测项目、监控报警值、监测方法及精度要求、监测点的布置、监测周期、工序管理和记录制度及信息反馈系统等。

（2）基坑工程的监测包括支护结构的监测和周围环境的监测。

支护结构监测包括：

①对围护墙侧向压力、弯曲应力和变形的监测；

②对支撑（锚杆）轴力、弯曲应力的监测；

③对腰梁（围檩）轴力、弯曲应力的监测；

④对立柱沉降、抬起的监测。

周围环境的监测包括：

①坑外地形的变形监测；

②邻近建筑物的沉降和倾斜监测；

③地下管线的沉降和位移监测。

监测重点是做好支护结构水平位移、周围建筑物、地下管线变形、地下水位等的监测。

3. 地下水控制

（1）为保证基坑开挖安全，在设计支护结构时，应根据场地及周边工程地质条件、水文地质条件和环境条件并结合基坑支护和基础施工方案综合确定地下水控制的设施和施工方法。

（2）地下水控制方法分为集水明排、降水、截水和回灌等形式，可单独或组合使用。

（3）当因降水而危及基坑及周边环境安全时，应采用截水或回灌方法。如果截水后，基坑中的水量或水压较大，应进行基坑内降水。

（4）当基坑底为隔水层且层底作用有承压水时，应进行坑底突涌验算，必要时可采取水平封底隔渗或钻孔减压等措施保证坑底土层稳定。

4. 基坑施工的安全应急措施

（1）在基坑开挖过程中，一旦出现了渗水或漏水的情况，应根据水量大小，采用坑底设沟排水、修补、密实混凝土封堵、压密注浆、高压喷射注浆等方法及时进行处理。

（2）如果水泥土墙等重力式支护结构位移超过设计估计值，应予以高度重视，同时做好监测，掌握发展趋势。如果位移持续发展，超过设计值较多时，则应采用水泥土墙背后卸载、加快垫层施工及加大垫层厚度和加设支撑等方法及时进行处理。

（3）如果悬臂式支护结构位移超过设计值，应采取加设支撑或锚杆、支护墙背卸等方法进行处理。如果悬臂式支护结构发生深层滑动，应及时浇筑垫层，必要时也可以加垫层，形成下部水平支撑。

（4）如果支撑式支护结构发生墙背土体沉陷，应采取增设坑外回灌井、进行坑底加固、垫层随挖随浇、加厚垫层或采用配筋垫层、设置坑底支撑等方法及时进行处理。

（5）对于轻微的流砂现象，在基坑开挖后可采用加快垫层浇筑或加厚垫层的方法“压住”流砂。对于较严重的流砂，应增加坑内降水措施进行处理。

（6）如果发生管涌，可以在支护墙前再设一排钢板桩，在钢板桩与支护墙之间进行注浆。

（7）对邻近建筑物沉降的控制一般可以采用回灌井、跟踪注浆等方法。对于沉降很大，而压密注浆又不能控制的建筑，如果基础是钢筋混凝土的，则可以考虑采用静力锚杆压桩的方法进行处理。

（8）对于基坑周围管线保护的应急措施一般包括增设回灌井、打设封闭桩或管线架空等方法。

三、模板工程

（一）模板工程安全隐患

近年来，随着大型混凝土结构的普及，在混凝土浇筑过程中，模板支撑系统整体坍塌事故频发。模板分项工程包括模板的设计、模板支架和模板本体安装、拆除等一系列工作，涉及大量的架体搭设作业和高空作业，存在大量的安全隐患，在施工过程中必须严格执行安全技术规程，以减少事故的发生。

（二）模板安装的安全技术

保证模板安装施工安全的基本要求如下：

（1）模板工程安装高度超过 3 米，必须搭设脚手架，除操作人员外，脚手架下不得站其他人。

（2）模板安装高度在 2 米及以上时，应符合国家现行标准《建筑施工高处作业安全技术规范》的有关规定。

（3）施工人员上下通行必须借助马道、施工电梯等设施，不允许攀登模板、斜撑杆、拉条或绳索等上下，不允许在高处的墙顶、独立梁或在其模板上行走。

（4）作业时，模板和配件不得随意堆放，模板应放平、放稳，严防滑落。脚手架或操作平台上临时堆放的模板不宜超过 3 层，脚手架或操作平台上的施工总荷载不得超过其设计值。

（5）高处支模作业人员所用工具和连接件应放在箱盒或工具袋中，不得散放在脚手板上，以免坠落伤人。

（6）模板安装时，上下应有人接应，随装随运，严禁抛掷。且不得将模板支搭在门窗框上，也不得将脚手板支搭在模板上，并严禁将模板与上料井架及有车辆运行的脚手架或操作平台支成一体。

（7）当钢模板高度超过 15 米时，应安设避雷设施。大风地区或大风季节施工，模板应有抗风的临时加固措施。

（8）遇大雨、大雾、沙尘、大雪或六级以上大风等恶劣天气时，应暂停露天高处作业。六级及以上风力时，应停止高空吊运作业。雨、雪停止后，应及时清除模板和地面上的积水及积雪。

（9）在架空输电线路下方进行模板施工，如果不能停电作业，应采取隔离防护措施。

（10）模板施工中应设专人负责安全检查，发现问题应报告有关人员处理。当遇险情时，应立即停工和采取应急措施，待修复或排除险情后，方可继续施工。

（三）模板拆除的安全技术

模板拆除的安全技术要求如下：

（1）现浇混凝土结构模板及其支架拆除时的混凝土强度应符合设计要求。当设计无要求时应符合表 2-1 的规定。

表 2-1 拆模强度规定表

构件类型	构件跨度 / 米	达到设计的混凝土立方体抗压强度标准值的百分率 /%
板	≤ 2	≥ 50
	＞ 2，≤ 8	≥ 75
	＞ 8	≥ 100
梁、拱、壳	≤ 8	≥ 75
	＞ 8	≥ 100
悬臂构件	—	≥ 100

（2）不承重的侧模板，包括梁、柱、墙的侧模板，只要混凝土强度能保证其表面及棱角不因拆除模板而受损，即可进行拆除。

（3）承重模板，包括梁、板等水平结构构件的底模，应在与结构同条件养护的砼的试块强度达到规定要求时，进行拆除。

（4）后张法预应力混凝土结构或构件模板的拆除，侧模应在预应力张拉前拆除，其混凝土强度达到侧模拆除条件即可。进行预应力张拉，必须在混凝土强度达到设计规定值时进行，底模必须在预应力张拉完毕后方能拆除。

（5）在拆模过程中，如发现实际结构混凝土强度并未达到要求，有影响结构安全的质量问题时，应暂停拆模，经妥当处理使实际强度达到要求后，方可继续拆除。

（6）已拆除模板及其支架的混凝土结构，应在混凝土强度达到设计要求后，才允许承受全部设计的使用荷载。

(7) 拆模作业之前必须填写拆模申请，并在同条件养护砼的试块强度记录达到规定要求时，技术负责人方能批准拆模。

(8) 各类模板拆除的顺序和方法，应根据模板设计的要求进行。如果模板设计无要求，可按：先支的后拆，后支的先拆，先拆非承重的模板，后拆承重的模板及支架的顺序进行。

(9) 拆模时下方不能有人，拆模区应设警戒线，以防有人误入。拆除的模板向下运送传递时，一定要做到上下呼应，协调一致。

(10) 模板拆除不能采取猛撬以致大片塌落的方法。

(11) 拆除的模板必须随时清理，以免钉子扎脚、阻碍通行。使用后的木模板应拔除铁钉，分类进库，堆放整齐。露天堆放时，顶面应遮盖防雨篷布。

四、脚手架工程

（一）脚手架搭设要求

脚手架是土木工程施工的重要设施，是为保证高处作业安全、顺利进行施工而搭设的工作平台和作业通道。在结构施工、装修施工和设备管道的安装施工中，都需要按照操作要求搭设脚手架。

(1) 脚手架搭设之前，应根据工程的特点和施工工艺要求确定搭设（包括拆除）施工方案。

(2) 施工方案内容主要应包括：

①材料要求。

②基础要求。

③荷载计算、计算简图、计算结果、安全系数。

④立杆横距、立杆纵距、杆件连接、步距、允许搭设高度、连墙杆做法、门洞处理、剪刀撑要求、脚手板、挡脚板、扫地杆等构造要求。

⑤脚手架搭设、拆除，安全技术措施及安全管理、维护、保养以及平面图、剖面图、立面图、节点图要反映杆件连接等情况。

⑥悬挑式脚手架有关悬挑梁、横梁等的加工节点图，悬挑梁与结构的连接节点，钢梁平面图，悬挑设计节点图。

（二）脚手架的安全设置

(1) 脚手架搭设之前，应根据工程的特点和施工工艺要求确定搭设（包括拆除）施工方案。

(2) 脚手架地基与基础施工，必须根据脚手架搭设高度、搭设场地土质情况与现行国家标准有关规定进行。当基础下有管沟等时，在脚手架使用过程中不应开挖，否则必须采取加固措施。

(3) 脚手架主节点处必须设置一根横向水平杆，用直角扣件扣接在纵向水平杆上且严禁拆除。主节点处两个直角扣件的中心距不应大于 150 毫米。在双排脚手架中，横向水平杆靠墙一端的外伸长度不应大于杆长的 0.4 倍，且不应大于 500 毫米。

(4) 脚手架必须设置纵、横向扫地杆。纵向扫地杆应采用直角扣件固定在距底座上不大于 200 毫米处的立杆上，横向扫地杆也应采用直角扣件固定在紧靠纵向扫地杆下方的立杆上。当立杆基础不在同一高度上时，必须将高处的纵向扫地杆向低处延长两跨与立杆固定，高低差不应大于 1 米。靠边坡上方的立杆轴线到边坡的距离不应小于 500 毫米。

(5) 高度在 24 米以下的单、双排脚手架，均必须在外侧立面的两端各设置一道剪刀撑，并应由底至顶连续设置，中间各道剪刀撑之间的净距不应大于 15 米。24 米以上的双排脚手架应在外侧立面整个长度和高度上连续设置剪刀撑。剪刀撑、横向斜撑搭设应随立杆、纵向和横向水平杆等同步搭设，各底层斜杆下端均必须支承在垫块或垫板上。

(6) 高度在 24 米以下的单、双排脚手架，宜采用刚性连墙件与建筑物可靠连接，也可采用拉筋和顶撑配合使用的附墙连接方式，严禁使用仅有拉筋的柔性连墙件。24 米以上的双排脚手架，必须采用刚性连墙件与建筑物可靠连接，连墙件必须采用可承受拉力和压力的构造。50 米以下（含 50 米）脚手架连墙件应按三步三跨进行布置，50 米以上的脚手架连墙件应按两步三跨进行布置。

（三）脚手架的检查与验收

(1) 脚手架的检查与验收应由项目经理组织，项目施工、技术、安全、作业班组负责人等有关人员参加，按照技术规范、施工方案、技术交底等有关技术文件，对脚手架进行分段验收，在确认符合要求后，方可投入使用。

（2）脚手架及其地基基础应在下列阶段进行检查和验收：

①基础完工后及脚手架搭设前。

②作业层上施加荷载前。

③每搭设完 6—8 米后。

④达到设计高度后。

⑤遇有六级及以上大风与大雨后。

⑥寒冷地区土层开冻后。

⑦停用超过一个月的，在重新投入使用之前。

（3）脚手架定期检查的主要项目包括：

①杆件的设置和连接，连墙件、支撑、门洞桁架等的构造是否符合要求。

②地基是否有积水，底座是否松动，立杆是否悬空。

③扣件螺栓是否有松动。

④高度在 24 米以上的脚手架，其立杆的沉降与垂直度的偏差是否符合技术规范的要求。

⑤架体的安全防护措施是否符合要求。

⑥是否有超载使用的现象等。

（四）脚手架拆除的安全技术

（1）脚手架拆除作业应按与搭设相反的程序由上而下逐层进行，严禁上、下同时作业。

（2）每层连墙件的拆除，必须在其上全部可拆杆件均已拆除以后进行，严禁先松开连墙件，再拆除上部杆件。

（3）凡已松开连接的杆件必须及时取出、放下，以免作业人员误扶、误靠，引起危险。

（4）分段拆除时，高差应不大于两步；如高差大于两步，应增设连墙件加固。

（5）拆下的杆件、扣件和脚手板应及时吊运至地面，严禁从架上向架下抛掷。

（6）当有六级及六级以上大风和雾、雨、雪天气时，应停止脚手架拆除作业。

五、施工现场临时用电

（一）施工现场临时用电安全技术规范

施工现场临时用电的安全是保证建筑工程正常施工的前提，是建筑工程开工前和施工中必须做好的一项保障工作。临时用电是施工现场极易发生伤亡事故的一个项目，触电事故更是建筑淋雨的五大伤害之一。

建设部（2008年改为住房和城乡建设部）为了规范施工现场临时用电，预防人员触电伤亡事故的发生，颁布了《施工现场临时用电安全技术规范》（JGJ46-2005）。规范规定，施工现场临时用电设备在5台及以上或设备总容量在50千瓦及以上者，应编制用电方案。临时用电设备在5台以下和设备总容量在50千瓦以下者，应制定安全用电和电气防火措施。施工现场的临时用电应该严格按照规范及施工组织设计执行。

（二）施工现场临时用电安全技术要求

施工现场临时用电安全技术要求如下：

(1) 施工现场临时用电工程专用的电源中性点直接接地的220/380V三相四线制低压电力系统，必须符合下列规定：采用总配电箱、分配电箱和开关箱三级配电系统；采用TN-S接零保护系统；采用二级漏电保护系统，总配电箱中应加装总漏电保护器，作为初级漏电保护，末级漏电保护器必须装配在开关箱内。

(2) 采用专用变压器、TN-S接零保护供电系统的施工现场，电气设备的金属外壳必须与保护零线连接。保护零线应由工作接地线、配电室（总配电箱）电源侧零线或总漏电保护器电源侧零线处引出。

(3) 当施工现场与外电线路共用同一供电系统时，电气设备的接地、接零保护应与原系统保持一致，一部分设备做保护接零，另一部分设备做保护接地。

(4) TN-S系统中的保护零线除必须在配电室或总配电箱处做重复接地外，还必须在配电系统的中间处和末端处做重复接地。

(5) 配电柜应装设电源隔离开关及短路、过载、漏电保护器。电源隔离开关分断时，应有明显可见的分断点。

(6) 配电箱的电器安装板上必须分设N线端子板和PE线端子板。N

线端子板必须与金属电器安装板绝缘；PE 线端子板必须与金属电器安装板做电气连接。

(7) 配电箱、开关箱的电源进线端严禁采用插头和插座做活动连接。

(8) 对混凝土搅拌机、钢筋加工机械、木工机械、盾构机械等设备进行清理、检查、维修时，必须将其开关箱分闸断电，呈现可见电源分断点，并关门上锁。

(9) 照明电压规定：

①隧道、人防工程、高温、有导电灰尘、比较潮湿或灯具离地面高度低于 2.5 米等场所的照明，电源电压不应大于 36V；

②潮湿和易触及带电体场所的照明，电源电压不得大于 24V；

③特别潮湿场所、导电良好的地面、锅炉或金属容器内的照明，电源电压不得大于 12V。

(10) 照明变压器必须使用双绕组型安全隔离变压器，严禁使用自耦变压器。

(11) 对夜间影响飞机或车辆通行的在建工程及机械设备，必须设置醒目的红色信号灯，其电源应设在施工现场总电源开关的前侧，并应设置外电线路停止供电时的应急自备电源。

六、建筑机械

(一) 土石方机械安全技术

(1) 机械进入现场前，应查明行驶路线上的桥梁、涵洞的上部净空并查明下部承载能力，保证机械安全通过。

(2) 作业中，应随时监视机械各部位的运转及仪表指示值，如发现异常，应立即停机检修。

(3) 机械运行中，严禁接触转动部位和进行检修。在修理（焊、铆等）工作装置时，应使其降到最低位置，并应在悬空部位垫上垫木。

(4) 机械不得靠近架空输电线路作业，并应按照规范规定留出安全距离。

(5) 作业前，应根据建设方提供的资料，实地踏勘施工场地明设或暗设的电线、地下电缆、管道、坑道等设置物的位置及走向，并采用明显记号表示。严禁在离电缆沟槽 1 米距离以内作业。

（6）在施工中遇下列情况之一时应立即停工，待采取措施并符合作业安全条件时，方可继续施工：

①填挖区土体不稳定，有发生坍塌危险时；

②气候突变，发生暴雨、水位暴涨或山洪暴发时；

③在爆破警戒区内发出爆破信号时；

④地面涌水冒泥，出现陷车或因雨天发生坡道打滑时；

⑤工作面净空不足以保证安全作业时；

⑥施工标志、防护设施损毁失效时。

（7）配合机械作业的清底、平地、修坡等人员，应在机械回转半径以外工作。当必须在回转半径以内工作时，应停止机械回转并制动好后，方可作业。

（8）雨季施工，机械作业完毕后，应停放在较高的坚实地面上。

（9）当挖土深度超过 5 米或发现有地下水以及土质发生特殊变化等情况时，应根据土的实际性能计算其稳定性，再确定边坡坡度。

（10）当对石方或冻土进行爆破作业时，所有人员、机具应撤至安全地带或采取安全保护措施。

（二）钢筋加工机械安全技术

（1）钢筋加工机械安装完毕，经验收合格后方可投入使用。

（2）钢筋加工机械明露的机械传动部位应有防护罩，机械的接零保护、漏电保护装置必须齐全有效。

（3）钢筋冷拉场地应设置警戒区，设置防护栏杆和安全警示标志。

（4）钢筋冷拉作业应有明显的限位指示标记，卷扬机钢丝绳应经封闭式导向滑轮与被拉钢筋方向成直角。

（三）混凝土机械安全技术

（1）混凝土搅拌机安装完毕，经验收合格后方可投入使用。

（2）混凝土浇筑所使用机械设备的接零（接地）保护、漏电保护装置应齐全有效，作业人员应正确使用安全防护用具。

（3）作业场地应有良好的排水条件，固定式搅拌机应有可靠的基础，移动式搅拌机应在平坦、坚硬的地坪上用方木或撑架架牢，并保持水平。

（4）露天使用的混凝土搅拌机应搭设防雨棚。

（5）混凝土搅拌机的制动器、离合器应灵敏、可靠。

(6) 料斗升起时，严禁在其下方工作或穿行。用料斗进行混凝土吊运时，料斗的斗门在装料吊运前一定要关好卡牢，以防止吊运过程中被挤开抛卸。

(7) 用井架运输混凝土时，应设制动安全装置，升降应有明确信号，操作人员未离开提升台时，不得发升降信号。提升台内停放的手推车不得伸出台外，车辆前后要挡牢。

(8) 用溜槽及串筒下料时，溜槽和串筒应固定牢固，人员不得直接站到溜槽边上操作。

(9) 用混凝土输送泵泵送混凝土时，混凝土输送泵的管道应连接好并支撑牢固，试送合格后才能正式输送，检修时必须卸压。

（四）起重机械安全技术

以建设工程中最重要的塔式起重机为例，起重机械的安全施工技术如下:

(1) 塔式起重机在安装和拆卸之前必须针对其类型特点、说明书的技术要求，结合作业条件制定详细的施工方案。

(2) 塔式起重机的安装和拆卸作业必须由取得相应资质的专业队伍进行，安装完毕经验收合格，取得政府相关主管部门核发的《准用证》后方可投入使用。

(3) 行走式塔式起重机的路基和轨道的铺设，必须严格按照其说明书的规定进行；固定式塔式起重机的基础施工应按设计图纸进行，其设计计算和施工详图应作为塔式起重机专项施工方案内容之一。

(4) 塔式起重机的力矩限制器，超高、变幅、行程限位器，吊钩保险，卷筒保险，爬梯护圈等安全装置必须齐全、灵敏、可靠。

(5) 施工现场多塔作业时，塔机之间应保持安全距离，以免作业过程中发生碰撞。

(6) 遇六级及六级以上大风等恶劣天气，应停止作业，将吊钩升起。行走式塔式起重机要夹好轨钳。当风力达十级以上时，应在塔身结构上设置缆风绳或采取其他措施加以固定。

（五）垂直运输机械安全技术

常用的垂直运输机械包括物料提升机和电梯，其安全控制要点如下:

1. 物料提升机安全控制要点

(1) 物料提升机在安装与拆除作业前，必须针对其类型、特点、说明书的技术要求，结合施工现场的实际情况制定详细的施工方案，划定安全警戒区域并设监护人员，排除作业障碍。

（2）物料提升机的基础应按图纸要求施工。高架提升机的基础应进行设计计算，低架提升机在无设计要求时，可按素土夯实后，浇筑300毫米厚C20混凝土条形基础。

（3）物料提升机的吊篮安全停靠装置、钢丝绳断绳保护装置、超高限位装置、钢丝绳过路保护装置、钢丝绳拖地保护装置、信号联络装置、警报装置、进料门及高架提升机的超载限制器、下极限限位器、缓冲器等安全装置必须齐全、灵敏、可靠。

（4）为保证物料提升机整体稳定，采用缆风绳时，高度在20米以下可设一组（不少于4根）、高度在30米以下不少于两组，超过30米时不应采用缆风绳锚固方法，应采用连墙杆等刚性措施。

（5）物料提升机架体外侧应用立网进行防护。在建工程各层与提升机连接处应搭设卸料通道，通道两侧应按临边防护规定设置防护栏杆及挡脚板。

（6）各层通道口处都应设置常闭的防护门。地面进料口处应搭设防护棚，防护棚的尺寸应视架体的宽度和高度而定，防护棚两侧应封挂安全立网。

（7）物料提升机组装后应按规定进行验收，合格后方可投入使用。

2.外用电梯安全控制要点

（1）外用电梯在安装和拆卸之前必须针对其类型、特点、说明书的技术要求，结合施工现场的实际情况制定详细的施工方案。

（2）外用电梯的安装和拆卸作业必须由取得相应资质的专业队伍进行，安装完毕经验收合格，取得政府相关主管部门颁发的《准用证》后方可投入使用。

（3）外用电梯的制动器，限速器，门联锁装置，上、下限位装置，断绳保护装置，缓冲装置等安全装置必须齐全、灵敏、可靠。

（4）外用电梯底笼周围2.5米范围内必须设置牢固的防护栏杆，进出口处的上部应根据电梯高度搭设足够尺寸和强度的防护棚。

（5）外用电梯与各层站过桥和运输通道，除应在两侧设置安全防护栏杆、挡脚板并用安全立网封闭外，进出口处还应设置常闭型的防护门。

（6）多层施工交叉作业同时使用外用电梯时，要明确联络信号。

(7) 外用电梯梯笼乘人、载物时，应使载荷均匀分布，防止偏重，严禁超载使用。

(8) 外用电梯在大雨、大雾和六级及六级以上大风天气时，应停止使用。暴风雨过后，应组织对电梯各有关安全装置进行一次全面检查。

七、高处作业

（一）高处作业的含义与分级

1. 高处作业的含义

高处作业是指人在一定位置为基准的高处进行的作业。国家标准《高处作业分级》（GB/T3608-2008）规定："凡在坠落高度基准面 2 米以上（含 2 米）有可能坠落的高处进行作业，都称为高处作业"。高处作业包括高空作业、临边作业、洞口作业、攀登作业、悬空作业和交叉作业等。

2. 高处作业的分级

根据国家标准规定，建筑施工高处作业分为四个等级：

(1) 高处作业高度在 2—5 米时，称为一级高处作业，其坠落半径为 2 米。

(2) 高处作业高度在 5 米以上至 15 米时，称为二级高处作业，其坠落半径为 3 米。

(3) 高处作业高度在 15 米以上至 30 米时，称为三级高处作业，其坠落半径为 4 米。

(4) 高处作业高度在 30 米以上时，称为特级高处作业，其坠落半径为 5 米。

（二）高处坠落事故预防与控制

1. 预防高处坠落事故的基本安全要求

(1) 施工单位应为从事高处作业的人员提供合格的安全帽、安全带、防滑鞋等必备的个人安全防护用具、用品。从事高处作业的人员应按规定正确佩戴和使用。

(2) 在进行高处作业前，应认真检查所使用的安全设施是否安全、可靠，脚手架、平台、梯子、防护栏杆、挡脚板、安全网等设置应符合安全技术标准要求。

(3) 在危险部位设红灯示警。

（4）从事高处作业的人员不得攀爬脚手架或栏杆上下，所使用的工具、材料等严禁投掷。

（5）高处作业，上下应设联系信号或通信装置，并指定专人负责联络。

（6）在雨雪天从事高处作业，应采取防滑措施。在六级及六级以上强风和雷电、暴雨、大雾等恶劣气候条件下，不得进行露天高处作业。

2. 攀登与悬空作业安全控制要点

（1）攀登作业使用的梯子、高凳、脚手架和结构上的登高梯等工具和设施，在使用前应进行全面的检查，符合安全要求的方可使用。

（2）现场作业人员应在规定的通道内行走，不允许在阳台间或非正规通道处进行登高、跨越，不允许在起重机臂架、脚手架杆件或其他施工设备上进行攀登上下。

（3）对在高空需要固定、连接、施焊的工作，应预先搭设操作架或操作平台，作业时采取必要的安全防护措施。

（4）在高空安装管道时，管道上不允许人员站立和行走。

（5）在绑扎钢筋及钢筋骨架安装作业时，施工人员不允许站在钢筋骨架上作业和沿骨架攀登上下。

（6）在进行框架、过梁、雨篷、小平台混凝土浇筑作业时，施工人员不允许站在模板上或模板支撑杆上操作。

3. 操作平台作业安全控制要点

（1）移动式操作平台台面不得超过 10 平方米，高度不得超过 5 米，台面脚手板要铺满钉牢，台面四周设置防护栏杆。平台移动时，作业人员必须下到地面，不允许带人移动平台。

（2）悬挑式操作平台的设计应符合相应的结构设计规范要求，周围安装防护栏杆。悬挑式操作平台安装时不能与外围脚手架进行拉结，应与建筑结构进行拉结。

（3）操作平台上要严格控制荷载，应在平台上标明操作人员和物料的总重量，使用过程中不允许超过设计的容许荷载。

4. 交叉作业安全控制要点

（1）交叉作业人员不允许在同一垂直方向上操作，要做到上部与下部作业人员的位置错开，使下部作业人员的位置处在上部落物的可能坠落半径范围以外。当不能满足要求时，应设置安全隔离层进行防护。

（2）在拆除模板、脚手架等作业时，作业点下方不得有其他作业人员，防止落物伤人。拆下的模板等堆放时，不能过于靠近楼层边沿，应与楼层边沿留出不小于 1 米的安全距离，码放高度也不宜超过 1 米。

（3）结构施工自二层起，凡人员进出的通道口都应搭设符合规范要求的防护棚，高度超过 24 米的交叉作业，通道口应设双层防护棚进行防护。

第三章 建筑施工资源管理

第一节 材料管理

一、工程项目材料管理的含义及内容

工程项目材料管理是对各种施工材料在项目建设的过程中进行计划、供应、保管和合理使用的总称，主要包括编制材料计划、采购、组织运输、保管、合理供应、领发、回收等，可概括为供应、管理、使用三个方面。做好材料管理对于加快施工进度、保证工程质量、降低工程成本、提高经济效益具有十分重要的意义。

近年来,材料管理工作的重心已从以企业管理为主转移到以项目部管理为主，项目施工任务确定后，迅速组织材料资源，保质保量供应材料，是施工任务完成的条件之一。因此，在工程项目施工过程中，既要及时供应材料，确保材料质量，又要节约使用材料，控制材料库存，合理使用资金，密切配合项目管理工作。材料管理是围绕项目的施工管理和经营管理开展的。

二、工程项目材料的采购管理和现场管理

（一）工程项目材料的采购管理

从实物形态来看，材料在企业中的运动过程是从采购开始的，采购是项目活动的重要内容，在项目施工成本管理中处于重要地位。材料采购管理要注意以下问题。

1. 确定采购计划

按照工程施工图纸及施工组织设计方案,材料部门应编制好项目材料采购计划，并根据施工进度及耗材量及时对采购计划做出变更，保证工程施工用材需求。在材料采购管理过程中，材料部门应及时建立材料台账和仓库管理制度，做好材料的验收、保管、领发等工作。对于主要材料的采购，应将施工预算用量和施工实际用量结合起来，合理采购，防止多购，造成材料的积压和资金的占用，增加工程成本。采购人员还应严把材料质量关，必须对材料进行抽样检验，对检验不合格或劣质材料及时予以处理，杜绝劣质材料进入施工现场。同时，还要健全和完善物料凭证、物料统计、购销合同、台账等管理工作。

2. 进行市场调研，做出合理选择

一是审核材料生产经营单位的各类生产经营手续是否完备、齐全。二是实地考察企业的生产规模、诚信记录、销售业绩、售后服务等情况。三是重点考察企业的质量控制体系是否具有国家及行业的产品质量认证，以及材料质量在同类产品中的地位。四是从建筑业同行中获得更准确、更细致、更全面的信息。五是对材料报价进行有关技术和商务的综合评审，并制定选择、评审和重新评审的准则。

3. 材料价格的控制

企业应通过市场调研或者咨询机构了解材料的市场价格，在保证质量的前提下，货比三家，选择较低的材料采购价格。同时，对材料运费进行控制，要合理组织运输，在对材料进行价格比较时要把运输费用考虑在内。在材料价格相同时，就近购料，选用最经济的运输方法，以降低运输成本。要合理确定进货的批次和批量，还要应用技术经济学相关知识考虑资金的时间价值，确定经济采购批量。

4. 材料的进场检验

材料验收入库时必须向供应商索要国家规定的质量合格及生产许可证明。项目采用的材料应经检验合格，并符合设计及现行标准要求。材料检验单位必须具备相应的检测条件和能力，经省级以上质量技术监督部门或者其授权的部门考核合格后，方可承担检验工作。材料在检验、运输、移交和保管等过程中，应符合职业健康安全和环境管理要求，避免对职业健康安全、环境造成影响。

（二）工程项目材料的现场管理

材料的现场管理是材料管理的关键，尤其是对钢材、水泥、木材等主要施工用材的管理。在材料现场管理中，应依照 ISO9001 质量管理体系的要求，对进入施工现场的材料进行严格监测，做到勤检查、严把关，杜绝劣质材料进入施工现场。对客户提供的材料，要认真核对其品种、规格、质量和数量是否与合同相符，按照验收标准进行验收。

1. 材料储存与保管

应根据材料的不同性质将材料储存于符合要求的专门材料库房或简易设施，避免潮湿、雨淋，注意防爆、防腐蚀。建筑工地所用材料较多，同一种材料有诸多规格，如钢材从直径几毫米到几十毫米有几十个品种，水泥有标号高低之分，各种水电配件品种繁多，所以各种材料应标识清楚、分类存放。加强材料保管人员的责任心，防止偷盗现象。要定期进行账实核对，材料账与财务账要账账核对，按月及时进行对账、对物。

2. 材料发放与使用管理

建立限额领料制度（又称定额领料制度，即在一定条件下按照材料消耗定额或规定限额领取生产经营所需材料的一种管理制度），严格根据材料消耗定额使用材料。对于材料的发放，无论是项目经理部、分公司还是项目部仓库，都要实行“先进先出，推陈储新”的原则，项目部的物资耗用应结合分部、分项工程的核算，严格实行限额领料制度，在施工前必须由项目施工人员签限额领料单，限额领料单必须按要求填写，不可缺项。对贵重和用量较大的物品，可以根据使用情况，凭领料小票多次发放。对易破损的物品，材料员在发放时要做详细的验收，并由领用双方在凭证上签字认可。

材料消耗定额的编制步骤如下。

（1）确定材料净用量。材料净用量是加工到产出实物产品的实际用量，可用计算法确定。一种情况是，一个分部分项工程只采用一种主要材料时，既可按工程设计要求测算一个单一产品或一个计量单位的材料净用量，也可以计算一平方米的材料净用量；另一种情况是，一个分部分项工程混合使用多种主要材料，则要求得这几种混合材料的配合比，作为计算材料净用量的依据。

（2）确定材料损耗率。确定材料损耗率时，除了认真测量施工现场所发生的各种损耗，去掉可避免部分，保留不可避免部分之外，还应考虑责任成本管理。

（3）计算材料耗用量。计算公式如下：

材料耗用量 = 材料净用量 + 材料损耗量 = 材料总耗用量 × 材料损耗率

（4）编制材料消耗定额。一要定质，即对建筑工程或产品所需的材料品种、规格、质量做出正确的选择；二要定量，即通过对材料耗用量的正确计算，确定材料消耗标准。

材料消耗定额的编制方法主要有以下四种：①技术分析法。根据图纸、施工方案及施工工艺要求，剔除不合理因素，编制材料消耗定额。运用这种方法编制出来的定额，一般比较准确，但工作量较大，技术性较强，并不适用于每一个企业。但随着技术管理水平的不断提高，这一方法的使用范围将不断扩大。②经验估算法。根据图纸、施工工艺要求，组织有经验的人员参照有关资料，经过对比、分析和计算，编制材料消耗定额。③现场测定法。在施工现场按照规定的施工工艺，对材料耗用量进行实际测定，编制材料消耗定额。④统计分析法。根据相关统计资料，分析现有的各种影响因素来编制材料消耗定额。

一般来说，有设计图纸和工艺文件的产品，其主要原材料的消耗定额可以用技术分析法计算，同时参照必要的统计资料和职工在生产实践中的工作经验来编制。辅助材料、燃料等的消耗定额，大多可采用经验估算法或统计分析法来编制。但是，无论采用哪种方法，在编制材料消耗定额时，都必须“走群众路线”，让管理人员、技术人员、工人共同审查和确定各种材料的消耗定额。

3. 施工中的组织管理

（1）进行现场材料平面布置规划，做好场地、仓库、道路等的准备工作。

（2）履行供应合同，保证施工需要，合理安排材料进场，对现场材料进行验收。

（3）掌握施工进度变化，及时调整材料配套供应计划。

（4）加强现场材料保管措施，减少材料损失和浪费，防止材料丢失。

（5）在施工收尾阶段，将多余材料退库，做好废旧材料的回收和利用工作。

从实践来看，提高材料利用效率的关键在于管理，施工现场要合理堆置材料，避免和减少二次搬运，严格执行材料进场验收和领料制度，减少各个环节的损耗，节约采购费用，合理使用材料，以期对提高工程质量、降低材料损耗和节约工程成本起到事半功倍的作用。

三、工程项目材料节约管理的新途径及具体措施

（一）工程项目材料节约管理的新途径

1. 加强材料管理

采用行政、制度、经济方面的管理措施和手段，调动使用者的积极性和主动性，规范使用者的行为，改变使用者的消极心态，达到合理使用材料的目的。例如，建立和执行限额领料责任制度、节约和浪费材料的监督考核办法和奖励机制。同时，重视材料的存储问题，即确定经济存储量、经济采购批量、安全存储量、合理订购点等。

2. 改进材料的组织方式

改进材料的组织方式，如进行集中加工、修旧利废、集中配料等。组织方式比技术方式见效快、效果大。因此，要特别注意施工组织设计中对材料节约措施的设计和月度组织措施计划的编制和贯彻。

3. 采用 ABC 分类法找出材料管理的重点

ABC 分类法是一种常用的材料分类管理法，将库存材料按一定标准分为 A、B、C 三类，对重要材料进行重点管理。其分类方法如下。

A 类物料占物料种类的 10% 左右，金额占总金额的 65% 左右。对于 A 类物料应重点管理，严格控制库存，定期盘点，严格记录，加强进货、发货、运货管理。

B 类物料占物料种类的 25% 左右，金额占总金额的 25% 左右。B 类物料主要为专用零部件和少数通用零部件，因此可以按常规方式管理。

C 类物料占物料种类的 65% 左右，金额占总金额的 10% 左右。对于 C 类物料应实行宽松管理，大量采购、入库，简单计算、控制。

材料管理中 ABC 分类法的实施过程如下。

（1）计算各种材料占用的资金量。

（2）根据各种材料占用的资金量，按照从大到小的顺序进行排列，并计算各种材料占用资金占总材料费用的百分数。

(3) 计算不同时期各种材料占用资金的累计金额占总金额的百分比，即累计资金占用额百分数。

(4) 计算不同时期各种材料使用数量的累计数及其累计百分数。

(5) 绘制 ABC 曲线图。以材料数量累计百分数为横轴，以累计资金占用额百分数为纵轴，按上述分析得出的数据，在坐标图上取点，并连接各点，即绘出 ABC 曲线。A 类材料是管理的重点，最具有节约的潜力。

ABC 分类法是十分重要且有效的材料分类管理方法，适用于材料部门的几乎所有工作，包括材料的计划、控制、采购、收货、仓储和库存控制等，也适用于来料质量控制。

4. 应用价值分析理论进行管理优化

价值分析理论中的“价值”，是指某种产品的功能与成本的关系，即价值 = 功能 / 成本。

价值分析的目的是以尽可能少的费用，可靠地实现必要的功能。材料成本所占比重较大，其降低的潜力最大，故有必要认真研究价值分析理论在材料管理中的应用。

5. 改进设计及使用代用材料

按价值分析理论，提高价值的有效途径之一就是改进设计和使用代用材料，它比改进工艺效果要好得多。因此，在项目实施过程中应大力进行科学研究，开发新技术，以改进设计及寻找代用材料，从而实现大幅度降低成本的目标。

（二）工程项目材料节约管理的具体措施

为了厉行节约，反对浪费，实行生产和节约并重，达到减少材料消耗、降低工程成本、提高企业经济效益及管理水平的目的，可采取以下几种措施。

1. 综合节约措施

(1) 加强材料计划管理。坚持勤俭节约、反对浪费的原则，挖掘企业内部潜力；坚持计划的严肃性与方法的灵活性相结合的原则，计划一经订立或批准，就必须严格执行。

(2) 加强材料现场管理。加强对计量工作和计量器具的管理，对进入现场的各种材料要加强验收、保管工作，减少材料的缺方亏吨，最大限度地减少材料的人为和自然损耗。做好材料的平面布置及合理码放工作，防止堆放不合理造成的材料损坏和浪费。搅拌站严格实行过磅计量，且计量准确，杜绝配比不准造成水泥、砂石料的浪费。施工现场设立垃圾分拣站，并及时分拣、回收、利用。

（3）做好材料限额领料工作，签订材料承包经济合同，严格执行材料节奖超罚制度。

2. 主要材料节约措施

（1）钢材节约措施。a. 增加钢材综合利用效果，钢筋加工向集中加工方向发展，尽量利用集中加工后的剩余短料，可制造钢钎、穿墙螺栓、预埋件、U 形卡等。b. 施工单位加强钢筋翻样配料工作，提高钢筋加工配料单的准确性，减少漏项，消灭重项、错项。c. 加强对钢模板、钢跳板、钢脚手架等周转材料的管理，使用后要及时维修保养，不得乱截、垫道、车轧、土埋。d. 做好修旧利废工作，对各种铁制工具及时保养维修，延长使用期限，节约钢材和资金。

（2）木材节约措施。a. 有条件时可以以钢代木。b. 改进支模办法，采用砖胎模、活络模等支模办法。c. 优材不劣用，长料不短用；以旧代新，综合利用。

（3）水泥节约措施。a. 优化混凝土配合比。b. 合理选用水泥强度等级。c. 充分利用水泥活性及富余系数。d. 严格控制水灰比。e. 合理使用外加剂。f. 掺加适量的混合材料，如粉煤灰等。

3. 技术节约措施

充分采用新工艺、新技术和新材料，实施技术节约措施，达到节约材料、降低成本的目的。在实施技术节约措施前确定工艺做法、所用设备、质量要求、节约指标计划及预期经济效果。在技术节约措施实施过程中填写效果台账。

第二节　机械设备管理

一、工程项目机械设备管理的含义及特征

（一）工程项目机械设备管理的含义

工程项目机械设备管理就是对机械设备的全过程进行管理，其中包括机械设备的选择、使用、维修、保养、检查和报废处理。工程项目机械设备

管理的主要任务是根据机械设备运行的特点，通过一些技术、经济、组织措施，对机械设备实行全过程综合管理，以达到机械设备寿命周期费用最经济、综合效能最高的目标。

（二）工程项目机械设备管理的特征

1. 技术结构复杂

一方面，工程很复杂，工程项目机械设备更为复杂，其复杂性主要表现为规格大小不一、种类较多、技术结构涉及多个知识领域。另一方面，机械的选择、使用、维修以及保养等各方面都有很强的经济性和技术性。

2. 前期投资较大

工程项目机械设备一般都是吨位大、工作能力强的机械设备，而这类机械设备普遍具有造价高、使用经费投入高和维护保养费用高的特点，因此前期投资较大。施工单位购买后要按时提取折旧，其未来工程的不确定性很大程度上增加了企业潜在的负债压力。

3. 具有较大流动性

机械设备转移是一件极其麻烦而又无法避免的事。诸如搅拌设备等大型机械设备转移非常困难，费用也非常高。一些机械设备不具备行走功能，必须通过拖车转移，而在转移过程中极易损坏。此外，施工的流动性决定了机械设备的频繁转移和拆装，将导致机械设备有效作业时间减少、利用率降低，每拆装一次都会使设备精度降低、磨损加速、使用寿命缩短。

4. 露天作业加速损耗

在建筑工程施工过程中，机械设备多在露天作业，因而易受自然条件等各种因素的影响，加速了机械设备的损耗，甚至对机械设备造成很大的伤害，导致须维修或者更换机械设备。

二、工程项目机械设备的获取及租赁管理

（一）工程项目机械设备的获取

企业可以将自有或购买、租赁的机械设备，提供给施工方使用。远离企业本部的施工方，可由企业法定代表人授权，就地采取措施获取机械设备。工程项目机械设备的获取主要有以下四种方式。

（1）从设备租赁市场上租赁。

（2）从本企业设备租赁公司租用。

（3）分包工程的施工队伍自带。

（4）企业为工程项目专购。

（二）工程项目机械设备租赁原则

目前，机械设备租赁服务范围广泛，涉及公路、铁路、隧道、桥梁、水利、工厂、商场、房地产工程、市政工程、野外作业等。机械设备租赁大多属于一次性投资，既不占现金流，也无须投入大量人力、物力进行维护，并且在项目完工后即可退租，不必考虑设备存放问题，也没有设备故障维修成本风险，因此受到很多施工方的青睐。

在计划租赁机械设备之前，施工方要深入调研工程情况和设备生产效率，同时考虑其他人为和客观因素，选择适当的机械设备租赁期限，控制租赁费用。机械设备租赁原则是降低成本、经济适用。在进行机械设备租赁时，要与机械设备公司签订合同。合同应以国家法律法规为基础，在签订时要提高警惕，防范欺诈行为，防止纠纷，力图降低各种风险，保证租赁双方的合法利益。合同规定要清晰、严密，如对设备返还状态、租赁方式及期限的规定等。完成机械设备租赁后，在施工现场要科学管理及使用机械设备，合理制定施工方案，最大限度地降低施工事故发生概率，保证机械设备的高利用率。

（三）工程项目机械设备租赁的优点和缺点

1. 优点

在资金短缺的情况下，可以用较少资金获得生产急需的设备；可以引进先进设备，加快技术进步；可以享受设备试用的优惠，加快设备更新，减少或避免设备陈旧、技术落后造成的风险；可以保持资金处于流动状态，防止资金停滞，使企业资产状况不至于恶化；可以使资金保值，既不受通货膨胀的影响，也不受利率波动的影响；设备租金可在所得税前扣除，能享受税收利益。

2. 缺点

在租赁期间承租人对租用设备无所有权，只有使用权。因此，承租人无权随意对设备进行改造，更不能处置设备，也不能将设备用于担保、抵押贷款；承租人在租赁期间所交的租金总额一般比直接购置设备的费用要高，即资金成本较高；长期支付租金，会形成长期负债；租赁合同规定严格，毁约要赔偿损失。

虽然机械设备租赁有上述缺点，但总体上它的优点更加突出，对建筑工程项目的管理和成本控制有很好的作用。

三、工程项目机械设备的使用管理

（一）工程项目机械设备安全管理

(1) 要建立并健全设备安全检查、监督制度，要定期和不定期地进行设备安全检查，及时消除隐患，确保设备和人身安全。

(2) 对于起重设备的安全管理，要认真执行当地政府的有关规定。要由经过培训、考核，具有相应资质的专业施工单位承担设备的拆装、移位、顶升、锚固、基础处理、轨道铺设、移场运输等工作。

(3) 对于各种机械设备，必须按照国家标准安装安全保险装置。机械设备转移并重新安装后，必须重新调试安全保险装置，并试运转，确认各种安全保险装置符合标准要求，方可交付使用。任何单位和个人都不得私自拆除机械设备出厂时所配置的安全保险装置而操作设备。

(4) 机械设备操作和维护人员，要严格遵守安全技术规程。对于违章指挥，机械设备操作者有权拒绝执行；对于违章操作，施工现场管理人员和设备管理人员应坚决制止。

(5) 项目应建立健全机械设备安全使用岗位责任制，从选型、购置、租赁、安装、调试、验收、使用、操作、检查、维护、保养、修理直至拆除退场等各个环节，都要严格管理。

（二）工程项目机械设备制度管理

(1) 实行机械设备使用中的交接班制度。

(2) 实行机械设备使用中的“三定”制度，即定人、定机、定岗位责任的制度。

(3) 健全机械设备管理的奖励与惩罚制度。

（三）工程项目机械设备技术文件管理

进入施工现场的机械设备应具有如下技术文件。

(1) 设备安装、调试、使用、拆除、试验程序和详细文字说明书。

(2) 各种安全保险装置及行程限位装置调试和使用说明书。

(3) 维护保养及运输说明书。

(4) 配件及配套工具目录。

（5）安全操作规程。

（6）产品鉴定证书、合格证书。

（7）其他重要的注意事项等。

四、工程项目机械设备的维修

（一）工程项目机械设备的磨损

机械设备的磨损可分为以下三个阶段。

1. 磨合磨损阶段

磨合磨损包括制造或大修理中的磨损和使用初期的磨损，这个阶段时间较短，只要按磨合期使用规定使用就可降低磨合磨损程度，延长机械设备寿命。

2. 正常工作磨损阶段

在这个阶段，零件经过磨合磨损，表面粗糙度降低了，在较长时间内基本处于稳定的均匀磨损状态。这个阶段后期，磨损逐渐加快。

3. 事故性磨损阶段

在这个阶段，零件的间隙扩展导致负荷加大，磨损程度激增。如果磨损程度超过了极限而不及时修理，就会引起事故性损坏，造成修理困难和经济损失。

（二）工程项目机械设备的保养

保养机械设备的目的是使机械设备保持良好技术状态，提高运转的可靠性和安全性，减少零件的磨损，延长机械设备使用寿命，降低消耗，提高经济效益。操作人员应严格遵守操作规程，负责机械设备的日常保养，做好清洁、润滑、调整、紧固、防腐工作，填写机械设备运转和交接班记录。

机械设备的保养分为例行保养和强制保养。例行保养属于正常使用管理工作，不占用机械设备的运转时间，由操作人员在机械运转间隙进行；强制保养是间隔一定周期，须占用机械设备运转时间而进行的保养。

（三）工程项目机械设备的修理

机械设备的修理是指对机械设备的自然损耗进行修复，排除运行故障，对损坏的零部件进行更换、修复。机械设备的预检和修理可以保证机械设备的使用效率，延长其使用寿命。机械设备的修理可分为大修、中修和零星小修。

（四）工程项目机械设备的检查控制

机械设备在使用中要尽量避免发生故障，尤其要预防事故损坏（非正常损坏），即人为的损坏。造成事故损坏的主要原因：操作人员违反安全操作规程和保养规程操作；操作人员技术不熟练或麻痹大意；机械设备保养、维修不当；机械设备运输和保管不当；施工方法不合理或指挥错误；气候和作业条件恶劣等。必须采取措施，严加防范，随时以“五好”标准对机械设备进行检查控制，“五好”标准内容如下。

1. 完成任务好

要做到高效、优质、低耗和服务好。

2. 技术状况好

要使机械设备经常处于完好状态，工作性能达到规定要求，整洁，工具部件及附属装置等完整齐全。

3. 使用好

要认真执行以岗位责任制为主的各项制度，合理、正确使用机械设备，原始记录应齐全、准确。

4. 保养好

要认真执行保养规程，做到精心保养，随时做好清洁、润滑、调整、紧固、防腐等工作。

5. 安全好

要认真遵守安全操作规程和有关安全制度，做到安全生产、无机械事故。

第四章 建筑施工质量检测

第一节 桩基质量检测

随着社会经济的迅速发展，高层建筑物、深基坑工程的项目日益增多。为满足工程建设的需要，大直径灌注桩、预应力管桩在地基处理中已广泛使用。但灌注桩出现缩颈、断裂、夹泥、离析，预应力管桩出现桩断裂、错位、对接部位脱焊等质量通病不容忽视。为确保桩基工程的施工质量，根据《建筑基桩检测技术规范》（JGJ106-2014）（以下简称《规范》）的低应变法有关检测要求，进行桩身完整性的检测，并及时反馈检测结果给质量监督机构、建设单位、设计单位、施工单位，以对桩身质量问题采取补救措施，可以有效地减少工程地基基础质量事故的发生，确保建筑物上部结构的施工质量及安全。

一、桩基概述

桩基是现在应用非常广泛的一种基础形式，而且桩基历史悠久。早在新石器时代，人们为了防止猛兽侵犯，曾在湖泊和沼泽地里栽木桩筑平台来修建居住点。这种居住点称为湖上住所。在中国，最早的桩基是在浙江省河姆渡的原始社会居住的遗址中发现的。到宋代，桩基技术已经比较成熟。在《营造法式》中载有临水筑基的内容。到了明、清两朝，桩基技术更趋完善，如清朝《工部工程做法》一书对桩基的选料、布置和施工方法等方面都有了规定。从北宋一直保存到现在的上海市龙华镇龙华塔（建于北宋太平兴国二年，977 年）和山西太原市晋祠圣母殿（建于北宋天圣年间，1023—1032 年），都是中国现存的采用桩基的古建筑。

人类应用木桩经历了漫长的历史时期，直到 19 世纪后期，钢筋、水泥和钢筋混凝土相继问世，木桩逐渐被钢桩和钢筋混凝土桩取代。最先出现的是打入式预制桩，随后发展了灌注桩。后来，随着机械设备的不断改进和高层建筑对桩基的需要产生了很多新的桩型，开辟了桩利用的广阔天地。近年来，由于高层建筑和大型构筑物的大量兴建，桩基显示出卓越的优越性，其巨大的承载潜力和抵御复杂荷载的特殊本质以及对各种地质条件的良好适应性，使桩基已成为高层建筑的主要基础。

桩基工程除因受岩石工程条件、基础与结构设计、机土体系相互作用、施工以及专业技术水平和经验等因素的影响而具有复杂性外，桩的施工还具有高度的隐蔽性，发现质量问题难，事故处理更难。特别是近年来许多新桩型，给施工工艺的控制措施提出了更高的要求。因此，桩基检测工作是整个桩基工程中不可缺少的环节，只有提高桩基检测工作的质量和检测评定结果的可靠性，才能真正地确保桩基工作的质量安全。人类活动的日益增多和科学技术的进步，使得这一领域的理论研究和工程运用都得到了较大的发展。但是桩基检测是一项复杂的系统工程，如何快速、准确地检验工程桩的质量，以满足日益增长的桩基工程的需要是目前土木工程界十分关心的问题。

桩基如果出现问题将直接危及主体结构的正常使用与安全。我国每年的用桩量超过300万根，其中，沿海地区和长江中下游软土地区占70%—80%。如此大的用桩量，如何保证质量，一直备受建设、施工、设计、勘察、监理各方以及建设行政主管部门的关注。

桩基检测技术是用特定的设备、仪器检测桩基的某些指标如承载力、桩身完整性等，从而给出整个桩基工程关于施工质量的评价。20世纪80年代以来，我国桩基检测技术得到了飞速发展。

（一）桩基的基本知识

1. 桩基的定义

桩基础简称桩基，是深基础应用最多的一种基础形式，主要用于地质条件较差或者建筑要求较高的情况。由基桩和连接于桩顶的承台共同组成。若桩身全部埋于土中，承台底面与土体接触，则称为低承台桩基；若桩身上部露出地面而承台底位于地面以上，则称为高承台桩基。建筑桩基通常为低承台桩基。

2. 桩基的作用和特点

桩基的作用是将上部建筑物的荷载传递到深处承载力较强的土层上，或将软弱土层挤密实以提高地基土的承载能力和密实度。

（1）桩支承于坚硬的（基岩、密实的卵砾石层）或较硬的（硬塑黏性土、中密砂等）持力层，具有很高的竖向单桩承载力或群桩承载力，足以承担高层建筑的全部竖向荷载（包括偏心荷载）。

（2）桩基具有很大的竖向单桩刚度（端承桩）或群刚度（摩擦桩），在自重或相邻荷载的影响下，不产生过大的不均匀沉降，并确保建筑物的倾斜不超过允许范围。

（3）凭借巨大的单桩侧向刚度（大直径桩）或群桩基础的侧向刚度及其整体抗倾覆能力，抵御由于风和地震引起的水平荷载与力矩荷载，保证高层建筑的抗倾覆稳定性。

（4）桩身穿过可液化土层而支承于稳定的坚实土层或嵌固于基岩，在地震造成浅部土层液化与震陷的情况下，桩基凭靠深部稳固土层仍具有足够的抗压与抗拔承载力，从而确保高层建筑保持稳定，且不产生过大的沉陷与倾斜。常用的桩型主要有预制钢筋混凝土桩、预应力钢筋混凝土桩、钻（冲）孔灌注桩、人工挖孔灌注桩、钢管桩等，其适用条件和要求在《建筑基桩检测技术规范》（JGJ106-2014）中有明确的规定。

3. 桩基的适用范围

桩基多用于地震区、湿陷性黄土地区、软土地区、膨胀土地区和冻土地区。通常在下列情况下，可以采用桩基：

（1）当建筑物荷载较大，地基软弱，采用天然地基时地基承载力不足或沉降量过大时，需采用桩基。

（2）即使天然地基承载力满足要求，但因采用天然地基时沉降量过大，或是建筑物较为重要，对沉降要求严格时，需采用桩基。

（3）高层建筑物或构筑物在水平力作用下为防止倾覆，可采用桩基来提高抗倾覆稳定性，此时部分桩将受到上拔力；对限制倾斜有特殊要求时，往往也需要采用桩基。

（4）为防止新建建筑物地基沉降对邻近建筑物产生影响，对新建建筑物可采用桩基，以避免这种危害。

（5）设有大吨位的重级工作制吊车的重型单层工业厂房，吊车载重量大，使用频繁，车间内设备平台多，基础密集，且一般均有地面荷载，因而地基变形大，这时可采用桩基。

(6) 精密设备基础安装和使用过程中对地基沉降及沉降速率有严格要求；动力机械基础对允许振幅有一定要求。这些设备基础常常需要采用桩基础。

(7) 在地震区，采用桩穿过液化土层并伸入下部密实稳定土层，可消除或减轻液化对建筑物的危害。

(8) 浅层土为杂填土或欠固结土时，采用换填法，地基处理困难较大或处理后仍不能满足要求，使用桩基是较好的解决方法。

(9) 已有建筑物加层、纠偏、基础托换时可采用桩基。

4. 桩基的分类

(1) 按受力情况分类

①端承桩。端承桩是穿过软弱土层而达到坚硬土层或岩层上的桩，上部结构荷载主要由岩层阻力承受，施工时，以控制贯入度为主，桩尖进入持力层深度或桩尖标高可作为参考。

②摩擦桩。完全设置在软弱土层中，将软弱土层挤密实，以提高土的密实度和承载能力，上部结构的荷载由桩尖阻力和桩身侧面与地基土之间的摩擦阻力共同承受，施工时，以控制桩尖设计标高为主，贯入度可作为参考。

(2) 按承台位置的高低分

①高承台桩基础。承台底面高于地面，它的受力和变形不同于低承台桩基础，一般应用在桥梁、码头工程中。

②低承台桩基础。承台底面低于地面，一般用于房屋建筑工程中。

(3) 按施工方法分类

①预制桩。预制桩是在预制构件厂或施工现场预制，用沉桩设备在设计位置上将其沉入土中的桩。预制桩可分为混凝土预制桩、钢桩和木桩；沉桩方式为锤击打入、振动打入和静力压入等。

预制桩的优点：桩的单位面积承载力较高，由于其属挤土桩，桩打入后其周围的土层被挤密，从而提高地基承载力；桩身质量易于保证和检查；适用于水下施工；桩身混凝土的密度大，抗腐蚀性能强；施工工效高。

预制桩的缺点：单价相对较高；锤击和振动法下沉的预制桩在施工时，振动噪声大，影响周围环境，不宜在城市建筑物密集的地区使用，一般需改为静压桩机进行施工；预制桩是挤土桩，施工时易引起周围地面隆起，有时还会引起已就位邻桩上浮；受起吊设备能力的限制，单节桩的长度不能过长，一般为10余米。长桩需接桩时，接头处形成薄弱环节，如不能确保全桩的垂直度，则将降低桩的承载能力，甚至还会在打桩时出现断桩；不易穿透较厚的坚硬地层，当坚硬地层下仍存在需穿过的软弱层时，则需辅以其他施工措施，如采用预钻孔（常用的引孔方法）等。

②灌注桩。灌注桩是在桩位处成孔，然后放入钢筋骨架，再浇筑混凝土而成的桩。种类繁多，大体可归纳为沉管灌注桩和钻（冲、磨、挖）孔灌注桩两类；采用套管护壁或泥浆护壁、干作业等方法成孔。

灌注桩的优点：适用于不同土层；桩长可因地改变，没有接头；仅承受轴向压力时，只需配制少量构造钢筋，需配制钢筋笼时，按工作荷载要求布置，节约了钢材（相对于预制桩是按吊装、搬运和压桩应力来设计钢筋）；正常情况下，比预制桩经济；单桩承载力大（采用大直径钻孔和挖孔灌注桩时）；振动小、噪声小。

灌注桩的缺点：桩身质量不易控制，容易出现断桩、缩颈、露筋和夹泥的现象；桩身直径较大，孔底沉积物不易清除干净（除人工挖孔灌注桩外），因而单桩承载力变化较大；一般不宜用于水下桩基。

（4）按施工材料分类

①混凝土桩。由钢筋混凝土材料制作，分方形实心断面桩和圆柱体空心断面桩两类。钢筋混凝土桩是我国目前广泛采用的一种桩型。

混凝土桩的优点：承载力较高，受地下水变化影响较小；制作便利，既可以现场预制，也可以工厂化生产；可根据不同地质条件，生产各种规格和长度的桩；桩身质量可靠，施工质量比灌注桩易于保证；施工速度快。

混凝土桩的缺点：因设计范围内地层分布很不均匀，基岩持力层顶面起伏较大，桩的预制长度较难掌握；打入时冲击力大，对预制桩本身强度要求高，其成本较高。

②钢桩。由钢材料制作，常用的有开口或闭口的钢管桩以及H型钢桩等。在沿海及内陆冲积平原，土质很厚（深达50—60米）的软土层采用一般桩基，沉桩需很大的冲击力，常规钢筋混凝土桩很难适应，此时多用钢桩。

钢桩的优点：重量轻，装卸、运输方便，不易损坏；承载力高，桩身不易损坏，并能获得极大的单桩承载力；沉桩接桩方便，施工速度快。

钢桩的缺点：抗腐蚀性较差；耗钢量大，工程造价较高；打桩机设备比较复杂，振动及噪声较大。

③木桩。木桩常用松木、杉木制作。其直径（尾径）为160—260毫米，桩长一般为4—6米。木桩现在已经很少使用，只在木材产地和某些应急工程中使用。

木桩的优点：木材自重小，具有一定的弹性和韧性；便于加工、运输和设置。

木桩的缺点：承载力很小；在干湿交替的环境中极易腐烂。

④砂石桩。砂桩和砂石桩统称砂石桩，是指用振动、冲击或水冲等方式在软弱地基中成孔后，再将砂或砂卵石（砾石、碎石）挤压入土孔中，形成大直径的砂或砂卵石（砾石、碎石）所构成的密实桩体，它是处理软弱地基的一种常用的方法。砂石桩地基主要适用于挤密松散砂土、素填土和杂填土等地基。

⑤灰土桩。主要用于地基加固。灰土桩地基是挤密桩地基处理技术的一种，是利用锤击将钢管打入土中侧向挤密土体形成桩孔，将钢管拔出后在桩孔中分层回填2∶8或3∶7灰土夯实而成，与桩间土共同组成复合地基以承受上部荷载。

（5）按成桩方法分类

①非挤土桩：干作业法、泥浆护壁法、套管护壁法。

②部分挤土桩：部分挤土灌注桩、预钻孔打入式预制桩、打入式敞口桩。

③挤土桩：挤土灌注桩、挤土预制桩（打入或静压）。

（6）按桩径大小分类

①小桩 :d=250毫米（d为桩身设计直径）；

②中等直径桩 :250毫米 <d<800毫米；

③大直径桩 :d=800毫米。

（二）桩基质量检测基本规定

1. 桩基检测的方法

桩质量通常存在两个方面的问题：一是桩身完整性，常见的缺陷有夹泥、断裂、缩颈、混凝土离析及桩顶混凝土密实度较差等。二是灌注混凝土前清孔不彻底，孔底沉淀厚度超过规定极限，影响承载力。目前的桩基检测方法主要也是针对这两个问题。

桩身完整性是指桩身长度和截面尺寸、桩身材料密实性和连续性的综合状况。常用桩身完整性检测方法有超声波检测法、钻芯法、低应变动力检测法等。

超声波检测法是根据声波透射或折射原理,在桩身混凝土内发射并接收超声波,通过实测超声波在混凝土介质中传播的历时、波幅和频率等参数的相对变化来分析、判断桩身完整性的检测方法。超声脉冲波在混凝土中传播速度的快慢,与混凝土的密实程度有直接关系,声速高则混凝土密实,反之则混凝土不密实。当有空洞或裂缝存在时,超声脉冲波只能绕过空洞或裂缝传播到接收换能器,因此,传播的路程增大,测得声时必然偏长或声速降低。混凝土内部有着较大的声阻抗差异,并存在许多声学界面。超声脉冲波在混凝土中传播时,遇到蜂窝、空洞或裂缝等缺陷,便在缺陷界面发生反射和散射,声能被衰减,其中,频率较高的成分衰减更快,因此,接收信号的波幅明显降低,频率明显减小。利用这些声波特征参数(声时、波幅和频率)来判别桩身的完整性。

钻芯法是指采用岩芯钻探技术和施工工艺,在桩身上沿长度方向钻取混凝土芯样及桩端岩土芯样,通过对芯样进行观察和测试,用以评价成桩质量的检测方法。它是目前常用的方法,测定结果能较好地反映粉喷桩的整体质量。

低应变动力检测法是在桩顶施加低能量冲击荷载,实测加速度(或速度)时程曲线,运用一维线性波动理论的时程和频域进行分析,对被检桩的完整性进行评判的检测方法。低应变动力检测法类型有反射波法、机械阻抗法、水电效应法、动力参数法、共振法、球击法等。目前应用最为广泛的有反射波法和机械阻抗法。

基桩承载力检测有两种方法:一种是静荷载试验法,另一种是高应变动力检测法。

静荷载试验检测:利用堆载或锚桩等反力装置,由千斤顶施力于单桩,并记录被测对象的位移变化,由获得的力与位移曲线(Q-S),或位移时间曲线(S-lgt)等资料判断基桩承载力。在本章第二节会详细介绍静荷载法。

高应变动力检测:用重锤冲击桩顶,使桩土产生足够的相对位移,以充分激发桩周土阻力和桩端支承力,安装在桩顶以下桩身两侧的力和加速度传感器接收桩的应力波信号,应用应力波理论分析处理力和速度时程曲线,从而判定桩的承载力和评价桩身质量完整性。

2. 桩基检测的数量

（1）当设计有要求或满足下列条件之一时，施工前应采用静载试验确定单桩竖向抗压承载力特征值：设计等级为甲级、乙级的桩基；地质条件复杂、桩施工质量可靠性低；本地区采用的新桩型或新工艺。检测数量在同一条件下不应少于 3 根，且不宜少于总桩数的 1%；当工程桩总数在 50 根以内时，不应少于 2 根。

（2）打入式预制桩有下列条件要求之一时，应采用高应变法进行试打桩的打桩过程监测：控制打桩过程中的桩身应力；选择沉桩设备和确定工艺参数；选择桩端持力层。在相同施工工艺和相近地质条件下，试打桩数量不应少于 3 根。

（3）混凝土桩的桩身完整性检测的抽检数量应符合下列规定：

①柱下三桩或三桩以下的承台抽检桩数不得少于 1 根。

②设计等级为甲级或地质条件复杂。成桩质量可靠性较低的灌注桩，抽检数量不应少于总桩数的 30%，且不得少于 20 根；其他桩基工程的抽检数量不应少于总桩数的 20%，且不得少于 10 根。

注：对端承型大直径灌注桩，应在上述两项规定的抽检桩数范围内，选用钻芯法或声波透射法对部分受检桩进行桩身完整性检测。抽检数量不应少于总桩数的 10%。地下水位以上且终孔后桩端持力层已通过核验的人工挖孔桩，以及单节混凝土预制桩，抽检数量可适当减少，但不应少于总桩数的 10%，且不应少于 10 根。

（4）对单位工程内且在同一条件下的工程桩，当符合下列条件之一时，应采用单桩竖向抗压承载力静载试验进行验收检测：设计等级为甲级的桩基；地质条件复杂、桩施工质量可靠性低；本地区采用的新桩型或新工艺：挤土桩施工产生挤土效应。抽检数量不应少于总桩数的 1%，且不少于 3 根；当总桩数在 50 根以内时，不应少于 2 根。

二、单桩竖向抗压静载试验

（一）单桩竖向抗压静载试验概述

单桩竖向抗压静载试验采用接近于竖向抗压桩的实际工作条件的试验方法，确定单桩竖向抗压承载力，是目前公认的检测基桩竖向抗压承载力最直观、最可靠的试验方法。适用于能达到试验目的的刚性桩（如素混凝土桩、钢筋混凝土桩、钢桩等）及半刚性桩（如水泥搅拌桩、高压旋喷桩等）。

单桩竖向抗压静载试验法技术简单，还能提供可靠度较高的实测数据，能够较直接地反映出桩在实际工作中的状况。但是，单桩竖向抗压静载试验检测周期较长，对工期有一定的影响，费用较高，对检测环境要求高，设备安装与搬运极为不便。对承载力较高的桩，检测费用也急剧增加，有时也很难实现采用静载荷试验来检测承载力很高的大直径灌注桩。

单桩竖向抗压静载试验主要用于确定单桩竖向抗压极限承载力；判定竖向抗压承载力是否满足设计要求；通过桩身内力及变形测，试测定桩侧、桩端阻力，验证高应变法及其他检测方法的单桩竖向抗压承载力检测结果。单桩竖向抗压静载试验和工程验收为设计提供依据。

（二）桩的极限状态和破坏模式

1. 桩基础的承载力

单桩承载力的确定是桩基设计的重要内容，而要正确地确定单桩承载力又必须了解桩一土体系的荷载传递，包括桩侧摩阻力和桩端阻力的发挥性状与破坏机理。

2. 桩的荷载传递机理

地基土对桩的支承由两部分组成：桩端阻力和桩侧摩阻力。实际上，桩侧摩阻力和桩端阻力不是同步发挥的。

竖向荷载施加于桩顶时，桩身的上部首先受到压缩而发生相对于土的向下位移，于是桩周土在桩侧界面上产生向上的摩阻力。荷载沿桩身向下传递的过程就是不断克服这种摩阻力并通过它向土中扩散的过程。

对10根桩长为27—46米的大直径灌注桩的荷载传递性能的足尺试验表明，桩侧发挥极限摩阻力所需要的位移很小，黏性土为1—3毫米，无黏性土为5—7毫米；除两根支承于岩石的桩外，其余各桩（桩端持力层为卵石、砾石、粗砂或残积粉质黏土）在设计工作荷载下，端承力都小于桩顶荷载的10%。

3. 单桩荷载传递的基本规律

基础的功能在于把荷载传递给地基土。作为桩基主要传力构件的桩是一种细长的杆件，它与土的接触面主要为侧表面，底面只占桩与土的接触总面积的很小部分（一般低于 1%），这就意味着桩侧界面是桩向土传递荷载的重要的甚至是主要的途径。

竖向荷载施加于桩顶时,桩身的上部首先受到压缩而发生相对于土的向下位移，于是桩周土在桩侧界面上产生向上的摩阻力。荷载沿桩身向下传递的过程就是不断克服这种摩阻力并通过它向土中扩散的过程。

设桩身轴力为 Q，轴力 Q 沿着深度而逐渐减小；在桩端处 Q 则与桩底土反力 Qp 相平衡，同时，桩端持力层土在桩底土反力 Qp 作用下产生压缩，使桩身下沉，桩与桩间土的相对位移又使摩阻力进一步发挥。随着桩顶荷载 N 的逐级增加，对于每级荷载，上述过程周而复始地进行，直至变形稳定为止，于是荷载传递过程结束。

由于桩身压缩量的累积，上部桩身的位移总是大于下部，因此，上部的摩阻力总是先于下部发挥出来；桩侧摩阻力达到极限之后就保持不变；随着荷载的增加，下部桩侧摩阻力被逐渐调动出来，直至整个桩身的摩阻力全部达到极限，继续增加的荷载就完全由桩端持力层土承受；当桩底荷载达到桩端持力层土的极限承载力时，桩便发生急剧的、不停滞的下沉而被破坏。

桩的长径比 L/d 是影响荷载传递的主要因素之一，随着长径比 L/d 的增大，桩端土的性质对承载力的影响减小，当长径比 L/d 接近 100 时，桩端土性质的影响几乎等于零。发现这一现象的重要意义在于纠正了“桩越长，承载力越高”的片面认识。希望通过加大桩长将桩端支承在很深的硬土层上以获得高的端阻力的方法是很不经济的，增加了工程造价但并不能提高很多的承载力。

桩的破坏模式主要取决于桩周围的土的抗剪强度以及桩的类型。大体可分为 5 种破坏模式。

第一种情况：桩端支撑在很硬的地层上，桩周土层太软弱，对桩体的约束力或侧向抵抗力很低，桩的破坏类似于柱子的压屈。

第二种情况：桩（桩径相对较大）穿过抗剪强度较低的土层，到达高强度的土层。假如在桩端以下没有较软弱的土层，那么，当荷载 P 增加时将出现整体剪切破坏，因为桩端以上的软弱土层不能阻止滑动土楔的形成。桩杆摩阻力的作用是很小的，因为下面的土层将阻止出现大的沉降。荷载沉降曲线类似于密实土上的浅基础。

第三种情况：桩周土的抗剪强度相当均匀，很可能出现刺入破坏。在荷载一沉降曲线上没有竖直向的切线，没有明确的破坏荷载。荷载由桩端阻力及表面摩阻力共同承担。

第四种情况：上部下层的抗剪强度较大，桩尖处的土层软弱。桩上的荷载由摩阻力支撑，桩端阻力不起作用。这种情况下是不适于采用桩基的。

第五种情况：桩上作用着拔出荷载，桩端阻力为零。

（三）仪器设备及桩头处理

1.单桩竖向静载试验设备

静载试验设备主要包括钢梁、锚桩等反力装置；千斤顶、油泵加载装置；压力表、压力传感器或荷载传感器等荷载测量装置；百分表或位移传感器等位移测量装置组成。

（1）反力装置

静载试验加载反力装置包括锚桩横梁反力装置、压重平台反力装置、锚桩压重联合反力装置、地锚反力装置、岩锚反力装置、静力压机等，最常用的有压重平台反力装置和锚桩横梁反力装置，可依据现场实际条件来合理选择。

①钢梁。压重平台反力装置的主梁和次梁是受均布荷载作用，而锚桩横梁反力装置的主梁和次梁则受集中荷载作用。主梁的最大受力区域在梁的中部，所以，在实际加工制作时，一般在主梁的中部占1/4—1/3主梁长度处进行加强处理。

②锚桩横梁反力装置。锚桩横梁反力装置就是将被测桩周围对称的几根锚桩用锚筋与反力架连接起来，依靠桩顶的千斤顶将反力架顶起，由被连接的锚桩提供反力，是大直径灌注桩静载试验最常用的加载反力系统，由试桩、锚桩、主梁、次梁、拉杆、锚笼、千斤顶等组成。锚桩、反力梁装置提供的反力不应小于预估最大试验的1.2—1.5倍。当采用工程桩作锚桩时，锚桩数量不得少于4根。当要求加载值较大时，有时需要6根甚至更多的锚桩，应注意监测锚桩的上拔量。

③压重平台反力装置。压重平台反力装置就是在桩顶使用钢梁设置一个承重平台，上堆重物，依靠放在桩头上的千斤顶将平台逐步顶起，从而将力施加到桩身。压重平台反力装置由重物、次梁、主梁、千斤顶等构成，常用的堆重重物为砂包和钢筋混凝土构件，少数用水箱、砖、铁块等，甚至就地取土装袋。反力装置的主梁可以选用型钢，也可以用自行加工的箱梁，

平台形状可以依据需要，设置为方形或矩形。压重不得少于预估最大试验荷载的 1.2 倍，且压重宜在试验开始之前一次加上，并均匀稳固地放置于平台之上。《规范》要求压重施加于地基土的压应力不宜大于地基土承载力特征值的 1.5 倍，有条件时宜利用工程桩作为堆载支点。

④锚桩压重联合反力装置。锚桩压重联合反力装置应注意两个方面的问题：一是当各锚桩的抗拔力不一样时，重物应相对集中在抗拔力较小的锚桩附近。二是重物和锚桩反力的同步性问题，拉杆应预留足够的空隙，保证试验前期锚桩暂不受力，先用重物作为试验荷载，试验后期联合反力装置共同起作用。当试桩最大加载量超过锚桩的抗拔能力时，可在横梁上放置或悬挂一定重物，由锚桩和重物共同承受千斤顶加载反力。

⑤地锚反力装置。地锚反力装置根据螺旋钻受力方向的不同可分斜拉式和竖直式，斜拉式中的螺旋钻受土的竖向阻力和水平阻力，竖直式中的螺旋钻只受土的竖向阻力，是适用于较小桩（吨位在 1000kN 以内）的试验加载。这种装置小巧轻便、安装简单、成本较低，但在试验中一旦拔出，地锚试验将无法继续下去。

（2）加载和荷载测量装置

静载试验均采用千斤顶与油泵相连的形式，由千斤顶施加荷载。荷载测量可采用以下两种形式：一是通过放置在千斤顶上的荷重传感器直接测定。二是通过并联于千斤顶油路的压力表或压力传感器测定油压，根据千斤顶率定曲线换算荷载。

①千斤顶。目前市场上有两类千斤顶，一类是单油路千斤顶，另一种是双油路千斤顶。不论采用哪一类千斤顶，油路的“单向阀”应安装在压力表和油泵之间，不能安装在千斤顶和压力表之间，否则压力表无法监控千斤顶的实际油压值。选择千斤顶时，最大试验荷载对应的千斤顶出力宜为千斤顶量程的 30%—80%。当采用两台及以上千斤顶加载时，为了避免受检桩偏心受荷，千斤顶型号、规格应相同且应并联同步工作。工作时，将千斤顶在试验位置点正确对正放置，并使千斤顶位于下压和上顶的传力设备合力中心轴线上。

②压力表。精密压力表使用环境温度为（20±3）℃，空气相对湿度不大于 80%，当环境温度太低或太高时应考虑温度修正。采用压力表测定油压时，为保证静载试验测量精度，压力表准确度等级应优于或等于 0.4 级，不得使用 1.5 级压力表作加载控制。根据千斤顶的配置和最大试验荷载要

求，合理选择油压表（量程有 25MPa、40MPa、60MPa、100MPa 等）。最大试验荷载对应的油压不宜小于压力表量程的 1/4，也不宜大于压力表量程的 2/3。

③荷重传感器和压力传感器。选用荷重传感器和压力传感器要注意量程和精度问题，测量误差不应大于 1%。压力表、油泵、油管在最大加载时的压力不应超过规定工作压力的 80%。

（3）位移量测装置

①基准梁。基准梁宜采用工字钢，高跨比不宜小于 1/40，一端固定在基准桩上，另一端简支于基准桩上，以减少温度变化引起的基准梁挠曲变形。不应简单地将基准梁放置在地面上，或不打基准桩而架设在砖上。在满足规定的条件下，基准梁不宜过长并应采取有效遮挡措施以减少温度变化和刮风下雨、振动及其他外界因素的影响，尤其在昼夜温差较大且白天有阳光照射时更应注意。一般情况下，温度对沉降的影响为 1—2 毫米。

②基准桩。《规范》要求试桩、压重平台支墩边和基准桩之间的中心距离大于 4 倍试桩和锚桩的设计直径且大于 2 米。考虑到现场试验中的困难，《规范》对部分间距的规定放宽为“不小于 3D”（D 为试桩、锚桩或地锚的设计直径或边宽，取其较大者）。

③百分表和位移传感器。沉降测量宜采用位移传感器或大量程百分表。常用的百分表量程有 50 毫米、30 毫米、10 毫米，《规范》要求沉降测量误差不大于 0.1%FS。沉降测定平面宜在桩顶 200 毫米以下位置，最好不小于 0.5 倍桩径，测点表面需经一定处理，使其牢固地固定于桩身；不得在承压板上或千斤顶上设置沉降观测点，避免因承压板变形导致沉降观测数据失实。在量测过程中要经常注意即将发生的位移是否会很大，以致可能造成测杆与测点脱离接触或测杆被顶死的情况，所以要及时观察调整。

2. 桩头处理

静载试验前需对试验桩的桩头进行加固处理。混凝土桩桩头处理应先凿掉桩顶部的松散破碎层和低强度混凝土，露出主筋，冲洗干净桩头后再浇筑桩帽。

（1）桩帽顶面应水平、平整、桩帽中轴线与原桩身上部的中轴线严格对中，桩帽面积大于等于原桩身截面面积，桩帽截面形状可为圆形或方形。

（2）桩帽主筋应全部直通至桩帽混凝土保护层之下，如原桩身露出主筋长度不够时，应通过焊接加长主筋，各主筋应在同一高度上，桩帽主筋应与原桩身主筋按规定焊接。

(3) 距桩顶 1 倍桩径范围内，宜用 3—5 毫米厚的钢板围裹，或距桩顶 1.5 倍桩径范围内设置箍筋，间距不宜大于 150 毫米。桩帽应设置钢筋网片 3—5 层，间距为 80—150 毫米。

(4) 桩帽混凝土强度等级宜比桩身混凝土提高 1—2 级，且不低于 C30。

(5) 新接桩头宜用 C40 的混凝土将原桩身接长。在接桩前必须将原桩头浮浆及泥土等清理干净且打磨成完整的水平截面，以保证新接桩头与原桩头紧密结合；浇筑混凝土时必须充分振捣，以保证接桩质量。

三、钻芯法检测

（一）钻芯法检测概述

1. 钻芯法简介

采用岩芯钻探技术的施工工艺在桩身上沿长度方向钻取混凝土芯样及桩端岩土芯样，通过对芯样进行观察和测试，用以评价成桩质量的检测方法称为钻孔取芯法，简称钻芯法。

在桩体上钻芯是比较直观的，它不仅可以了解灌注桩的完整性，查明桩底沉渣厚度以及桩端持力层的情况，而且还是检验灌注桩混凝土强度的唯一可靠的方法，由于取芯需要在工程桩的桩身上钻孔，所以不属于无损检测，通常适用于直径不小于 800 毫米的混凝土灌注桩。钻芯法是检测现浇混凝土灌注桩的成桩质量的一种有效手段，不受场地条件的限制，特别适用于大直径混凝土灌注桩。

在桩身完整性检测的多种方法中，钻芯法最为直观、可靠。但该法取样部位有局限性，只能反映钻孔范围内的小部分混凝土质量，存在较大的盲区，容易以点代面造成误判或漏判。钻芯法对查明大面积的混凝土疏松、离析、夹泥、空洞等比较有效，而对局部缺陷和水平裂缝等判断就不一定十分准确。另外，钻芯法还存在设备庞大、费工费时、价格昂贵的缺点。因此，钻芯法不宜用于大面积、大批量的检测，而只能用于抽样检查，或作为对无损检测结果的验证手段。

2. 钻芯法的检测目的

钻芯法属于一种局部破损检测,它在对人工挖孔桩的完整性及承载力检测中得到广泛应用。其检测的目的有以下三个：一是对芯样混凝土的胶结情况、有无气孔、蜂窝麻面、松散、断桩及强度进行检测，综合判定桩身完整性。二是判断桩底沉渣及持力层的岩土性状（强度）和厚度是否满足设计或《规范》要求；三是测定实际桩长与施工记录桩长是否一致。

3. 钻芯法的优点与缺点

（1）钻芯法的优点

钻芯法检测可以直接观察桩身混凝土的情况,而且还能检测桩的实际长度与桩身混凝土实际抗压强度。可以准确判断和检测桩底沉渣厚度及其他缺陷，也可直接观察桩身混凝土与持力层的胶结状况。当钻至桩底适当深度后，可判断持力层及其以下岩土性状，若为基岩还可做抗压试验判断岩石的饱和单轴抗压强度标准值以判定岩石的承载力。

（2）钻芯法的缺点

钻芯法检测时间长、费用高、技术难度较高且属于有损检测，不适宜做普查检测；开孔位置不能任意选择，且对某些局部缺陷（缩径、扩径等）难以检测出，也有可能对局部微弱的缺陷夸大为严重缺陷而导致最后形成误判，因此，其代表性存在争议。当桩长太长钻芯过程中可能会造成孔斜导致钢筋断裂无法修补，且对桩身及桩底持力层的局部破损，经修补后很难达到原始效果。

（二）钻芯设备及检测技术

1. 钻芯设备

钻孔取芯法所需的设备随检测的项目而定。如仅检测灌注桩的完整性,则只需钻机即可; 如要检测灌注桩混凝土的强度,则还需有锯切芯样的锯切机、加工芯样的磨平机和专用补平器，以及进行混凝土强度试验的压力机。

（1）钻机

混凝土桩钻取芯样宜采用液压操纵的高速钻机。钻机应具有足够的刚度、操作灵活、固定和移动方便，并应有循环水冷却系统。水泵的排水量应为 50—160L/min，泵压应为 1.0—2.0MPa。严禁采用手把式或振动大的破旧钻机。钻机主轴的径向跳动不应超过 0.1 毫米，工作时的噪声不应大于 90dB。钻机应配备单动双管钻具以及相应的孔口管、扩孔器、卡簧、扶正稳定器和可捞取松软渣样的钻具。钻杆应顺直，直径宜为 50 毫米。钻机宜采用国际 ϕ 50 毫米的方扣钻杆，钻杆必须平直。钻机应采用双管单动钻具。钻机取芯宜采用内径最小尺寸大于混凝土集料粒径两倍的人造金刚石薄壁钻头（通常内径为 100 毫米或 150 毫米）。钻头胎体不得有肉眼可见的裂纹、缺边、少角、倾斜和喇叭口变形等。钻头的径向跳动不得大于 1.5 毫米。钻机设备参数应符合以下规定：额定最高转速不低于 790r/min；转速调节范围不少于 4 挡；额定配用压力不低于 1.5MPa。

（2）锯切机、磨平机和补平器

锯切芯样试件用锯切机应具有冷却系统和牢固夹紧芯样的装置，配套使用的金刚石圆锯片应具有足够刚度。

磨平机和补平器除保证芯样端面平整外，还应保证芯样端面与轴线垂直。

（3）压力机

压力机的量程和精度应能满足芯样的强度要求，压力机应能平稳连续加载而无冲击。压力机的承压板必须具有足够刚度，板面必须光滑。承压板的直径应不小于芯样的直径，也不宜大于直径的两倍，否则应在上、下两端加辅助承压板。压力机的校正和检验应符合有关计量标准的规定。

压力机主要技术要求：

①试验机最大试验力为 2000kN；

②油泵最高工作压力为 40MPa；

③示值相对误差 ±2%；

④承压板尺寸为 320 毫米 ×320 毫米；

⑤承压板最大净距为 320 毫米；

⑥测量范围为 0—800kN 或 0—2000kN；

⑦刻度量分度值：0—800kN 时为 2.5kN/ 格或 0—2000kN 时 5kN/ 格。

仪器年检。压力试验机每年应至少检定一次。

2. 钻芯法的检测方法

钻孔取芯的检测按以下步骤进行：

（1）钻芯孔数、位置的确定及桩头处理：根据相关规定，当桩的直径 D<1.2 米时，钻 1 孔，孔位距桩中心距离 10—15 厘米为宜；桩径 D 为 1.2—1.6 米时，钻 2 孔，桩径 D>1.6 米时，钻 3 孔，宜在距桩中心 0.15—0.25D 位置开孔且均匀对称布置。对每根受检桩桩端持力层的钻探不应少于 1 孔，还应满足设计要求的钻探深度。

为了准确地测出桩中心，桩头最好开挖露出，否则应用经纬仪找出桩中心。确定钻孔位置：灌注桩的钻孔位置，应根据需要与委托方共同商议确定。一般当桩径小于 1600 毫米时，宜选择在桩中心钻孔，当桩径大于或等于 1600 毫米时，钻孔数不宜小于 2 个。

（2）安置钻机：钻孔位置确定以后，应对准孔位安置钻机。钻机就位并安放平稳后，应将钻机固定，以便工作时不致产生位置偏移。固定方法应根据钻机构造和施工现场的具体情况，分别采用顶杆支撑、配重或膨胀螺栓等方法。在固定钻机时，还应检查底盘的水平度，以保证钻杆以及钻孔的垂直度。

（3）施钻前的检查：施钻前应先通电检查主轴的旋转方向，当旋转方向为顺时针时，方可安装钻头。并调整钻机主轴的旋转轴线，使其呈行走状态。

（4）开钻：开钻前先接水源和电源，将变速钮拨到所需转速，正向转动操作手柄，使合金钻头慢慢地接触混凝土表面，待钻头刃部入槽稳定后方可加压进行正常钻进。

（5）钻进取芯：在钻进过程中，应保持钻机平衡，转速不宜小于 140r/min，钻孔内的循环水流不得中断，水压应保证能充分排除孔内混凝土料屑，循环冷却水出口的温度不宜超过 30℃，水流量宜为 3—5L/min。每次钻孔进尺长度不宜超过 1.5 米。钻到预定深度后，反向转动操作手柄，将钻头提升到混凝土桩顶，然后停水停电。提钻取芯时，应拧下钻头和胀圈，严禁敲打卸取芯样。卸取的芯样应冲洗干净后标上深度，按顺序置于芯样箱中。当钻孔接近可能存在断裂或混凝土可能存在疏松、离析、夹泥等质量问题的部位以及桩底时，应改用适当的钻进方法和工艺，并注意观察回水变色、钻进速度的变化等。

灌注桩钻孔取芯检测的取芯数目视桩径和桩长而定。通常至少每 1.5 米应取 1 个芯样，沿桩长均匀选取，每个芯样均应标明取样深度，以便判明有无缺陷以及缺陷的位置。对于用于判明灌注桩混凝土强度的芯样，则根据情况，每一试桩不得少于 10 个。钻孔取芯的深度应进入桩底持力层不小于 1 米。

（6）补孔：在钻孔取芯以后，桩上留下的孔洞应及时进行修补，修补时宜用高于桩原来强度等级的混凝土来填充。由于钻孔孔径较小，填补的混凝土不易振捣密实，故应采用坍落度较大的混凝土浇灌，以保证其密实性。已硬化的混凝土，实际强度到底有多少，能否满足工程安全使用，是人们普遍关心的问题。

第二节　主体结构工程质量检验

2014 年 11 月 15 日，广州白云区钟落潭一六层在建装修楼房突然倒塌，造成 3 死 2 伤，据悉，该楼房占地约为 200 平方米，共 6 层，倒塌后该楼房一二两层墙体大致完好，而上面四层全部垮塌。

2015 年 2 月 25 日凌晨，深圳市龙岗布吉一民办学校内一栋六层科教楼轰然倒塌，幸未造成人员伤亡。该楼旁边的一栋办公楼墙面被砸出了三个大窟窿，一栋宿舍楼阳台一角被砸坏，看起来摇摇欲坠。

2015 年 6 月 9 日 2 时许，遵义市汇川区高桥镇一栋 7 层居民楼倒塌。

2015 年 6 月 14 日凌晨 6 时左右，贵州遵义市红花岗区延安路五金市场内一栋 9 层老旧居民楼发生局部垮塌，共造成 4 人死亡，3 人受伤。

2015 年 7 月 6 日 14 时 10 分许，沈阳市大东区合作街 120 号发生楼体坍塌事故，七楼和六楼两层阳台整个坠落到五楼。

2016 年 11 月 24 日 7 时 40 分许，江西省宜春市丰城电厂三期在建项目冷却塔施工平台坍塌，造成 74 人遇难、2 人受伤。

……

2016 年，全国共发生房屋市政工程生产质量安全事故 634 起、死亡 735 人，比 2015 年同期事故起数增加 192 起、死亡人数增加 181 人，同比分别上升 44% 和 32.67%。近年来，房屋市政工程事故频频发生，给人民的生命和财产安全带来了极大的损失，这背后反映出的建筑工程质量问题令人担忧，如何防止质量问题带来的隐患是我们急需解决的问题。

一、钢筋工程质量检验

1. 内容概况

本任务主要从钢筋的原材料及加工、钢筋连接、钢筋安装三个方面对钢筋工程质量控制、质量检验和质量通病及防治措施进行讲解。

2. 知识目标

了解钢筋工程的质量控制要点；熟悉钢筋工程质量检验的方法；掌握钢筋工程质量通病的防治措施。

3. 能力目标

能根据钢筋质量控制要点、施工质量验收标准对钢筋工程进行质量控制和验收；能够防治钢筋工程的质量通病。

4. 引领案例

某房屋工程，业主与施工总承包单位签订了施工总承包合同，并委托了工程监理单位。施工单位进场后，积极准备，为了赶工期，在建设单位未办理施工许可证的情况下先进行施工。由于施工单位人员及设备不足，自行决定将主体工程分包给了一家分包单位施工。施工单位为降低成本，按经验将每层楼板主筋间距 130 改为 150。

问题：上述案件有哪些不妥之处？

（一）钢筋原材料及加工

1. 钢筋原材料及加工质量控制

（1）原材料的质量控制。钢筋原材料；严控进货渠道，选择钢筋质量、性能稳定的生产厂家，是保证钢筋质量的前提。钢筋采购时，建筑工程所采用的热轧钢筋、冷拉钢筋、冷拔钢筋、热处理钢筋、钢绞线的质量，应符合现行国家标准的有关规定。钢筋进场时，应具备产品合格证、出厂检验报告。钢筋的品种、规格、型号、化学成分、力学性能等，必须满足设计要求和符合现行国家标准的有关规定。钢筋外观应平直、无损伤，不得有裂纹、油污、颗粒状或片状老锈。钢筋堆放场地要求是混凝土地坪、砖砌钢筋堆放墩墙，所有钢筋分类堆放、整齐有序，并且建立完善的出入库管理制度。

（2）施工过程的质量控制。钢筋加工制作时，要对钢筋加工表与设计图进行复核，检查下料表是否有错误和遗漏，对每种钢筋要按下料表检查是否达到要求，经过这两道检查后，再按下料表放出实样，试制合格后方可成批制作，加工好的钢筋要挂牌，堆放整齐有序。钢筋调直，可用机械或人工调直。经调直后的钢筋不得有局部弯曲、死弯、小波浪形，其表面伤痕不应使钢筋截面减小 5%。钢筋切断应根据钢筋号、直径、长度和数量，长短搭配，先断长料后断短料，尽量减少和缩短钢筋短头，以节约钢材。

2. 钢筋原材料及加工质量检验

（1）主控项目。钢筋进场时，应按现行国家标准抽取试件做屈服强度、抗拉强度、伸长率、弯曲性能和重量偏差检验，检验结果应符合相应标准的规定。

检查数量：按进场批次和产品的抽样检验方案确定。

检验方法：检查质量证明文件和抽样检验报告。

成型钢筋进场时，应抽取试件做屈服强度、抗拉强度、伸长率和重量偏差检验，检验结果应符合现行国家相关标准的规定。对由热轧钢筋制成的成型钢筋，当有施工单位或监理单位的代表驻厂监督生产过程，并提供原材钢筋力学性能第三方检验报告时，可仅进行重量偏差检验。

检查数量：同一厂家、同一类型、同一来源的成型钢筋，不超过 30t 为一批，每批中每种钢筋牌号、规格均应至少抽取 1 个钢筋试件，总数不应少于 3 个。

检验方法：检查质量证明文件和抽样检验报告。

对按一、二、三级抗震等级设计的框架和斜撑构件（含梯段）中的纵向受力普通钢筋应采用 HRB335E、HRB400E、HRB500E、HRBF335E、HRBF400E 或 HRBF500E 钢筋。其强度和最大力下总伸长率的实测值应符合下列规定：①抗拉强度实测值与屈服强度实测值的比值不应小于 1.25。②屈服强度实测值与屈服强度标准值的比值不应大于 1.30。③最大力下总伸长率不应小于 9%。

检查数量：按进场的批次和产品的抽样检验方案确定。

检验方法：检查抽样检验报告。

（2）一般项目。钢筋应平直、无损伤，表面不得有裂纹、油污、颗粒状或片状老锈。

检查数量：全数检查。

检验方法：观察。

成型钢筋的外观质量和尺寸偏差应符合现行国家相关标准的规定。

检查数量：同一厂家、同一类型的成型钢筋，不超过 30t 为一批，每批随机抽取 3 个成钢筋。

检验方法：观察、尺量。

钢筋机械连接套筒、钢筋锚固板以及预埋件等的外观质量应符合现行国家相关标准的规定。

检查数量：按现行国家相关标准的规定确定。

检验方法：检查产品质量证明文件；观察、尺量。

3. 钢筋原材料及加工质量通病及防治措施

（1）钢筋全长有一处或数处慢弯或折弯。防治措施如下：①采用车架较长的运输车或挂车，对较长的钢筋，尽可能采用吊架装卸车，避免用钢丝绳捆绑。②采用液压机或慢速卷扬机进行冷拉调直。③将弯折处放在卡盘上扳柱间，用平头横口扳子将钢筋弯曲处扳直。④在钢筋工作案上用大锤调直。

（2）切断尺寸不准，断口端呈马蹄状。防治措施如下：①拧紧定尺卡板的紧固螺栓，切断过程中经常检查核对断料尺寸。②调整切断机固定刀片与冲切刀片间的水平间隙以 0.5—1 毫米为宜。

（3）成型钢筋尺寸不准，由于下料不准确，画线方法不对或误差过大，用手工弯曲时扳距选择不当，角度控制没有采取保证措施。防治措施如下：①预先确定各种形状钢筋下料长度调整值。②扳距根据已讲过的参考值进行调整。③复杂形状或大批量同一种形状钢筋，要放出实样，选择合适的操作参数（画线、扳距等）。

（二）钢筋连接

1. 钢筋连接质量控制

（1）审查钢筋连接按技术要求选用，应符合下列原则：①直径 10 毫米以上钢筋的连接应优先采用焊接，尤其是闪光对焊。在不能施行闪光对焊时，可采用电弧焊、电渣压力焊。②对有抗弯要求的受力钢筋的连接应采用焊接或机械挤压连接。③一般现浇钢筋混凝土结构竖向受力钢筋的连接应优先采用电渣压力焊。④超高层建筑、重要建筑竖向受力钢筋的连接应优先采用机械挤压连接或锥螺纹套管连接。⑤有动载、要求抗疲劳性能良好的接头，应优先采用挤压连接，可以采用电渣压力焊，不得采用气压焊连接。⑥可焊性不好的受力钢筋应采用挤压连接。⑦大风、雨雪季节和严寒地区施工应该先采用挤压连接。

（2）检查钢筋连接施工应按经审查确认的钢筋连接工程施工技术方案进行，并监控质量保证措施的落实。

（3）检查受力焊接接头的位置：①应设在受力较小部位。②受力钢筋的焊接接头应相互错开。③同一根钢筋尽量少设接头，在 35d（d 为钢筋直径）且不小于500毫米的区段内，只允许有一个接头。④在上述段内，有接头的受拉钢筋面积占受拉区钢筋总面积的百分率不宜超过50%（非预应力筋），受压区不限。

（4）钢筋连接采用对焊时，重点监控以下内容：①每批钢筋对焊施工前，应在现场条件下按预选的对焊参数进行试焊，制作两组试件（每组3根），一组做拉伸试验，另一组做弯曲试验，试验合格，方可正式施焊。②每班作业前，还应先试焊两个接头，经外观检查合格，方可进行对焊。③不同直径的钢筋对焊时。二者截面面积之比不宜大于1.5。④冷拉钢筋先对焊后冷拉。⑤对焊前，钢筋端头应无弯曲，并应在150毫米长度范围内清污、除锈。⑥对焊作业区应有防风、防雨措施。气温较低时，应调整对焊工艺和参数，焊后应立即以合适的保温材料对接头热影响区进行保温，防止接头骤冷开裂。⑦施工过程中应随时检查接头的处理质量，如发现缺陷（裂纹、氧化、烧伤、钢筋轴线位移或弯折超差等），应监督及时采取措施加以解决。

（5）钢筋连接采用电弧焊时，重点监控以下内容：

①电弧焊施工前，应在现场条件下，按预先的焊条直径和焊接电流进行试焊，制作一组（3根）试件做拉伸试验，试验合格，方可正式施焊。②帮条焊和搭接焊均应尽量采用双面焊。帮条的长度与规格应符合《钢筋焊接及验收规程》（JGJ18-2012）的要求。③帮条焊和搭接焊接头焊缝厚度与宽度应符合《钢筋焊接及验收规程》（JGJ18-2012）的要求。④冷拉钢筋应先电弧焊后冷拉。⑤焊接前，钢筋端头焊接部分应无弯曲，并应清污、除锈。⑥坡口焊前的坡口加工等准备工作和坡口焊工艺均应符合《钢筋焊接及验收规程》（JGJ18-2012）的要求。⑦预制构件的连接采用电弧焊时，应先选择合理的焊接顺序，必要时由两名焊工对称施焊，以减少变形。⑧电弧焊低温焊接措施应符合《钢筋焊接及验收规程》（JGJ18-2012）的要求。⑨焊接过程中应及时清渣，随时检查焊缝外观质量，如发现缺陷（有较大凹陷或焊瘤、裂纹、未焊透、咬边过深、表面烧伤、钢筋轴线弯折或偏移超差等），应及时监督，采取措施加以解决。

（6）钢筋连接采用电渣压力焊时，重点监控以下内容：

①电渣压力焊施工前，应在现场条件下按预选的工艺参数进行试焊，制作一组（3根）试件做拉伸试验，试验合格，方可正式施焊。②每班作业前，还应先试焊两个接头，经外观检查合格，方可进行焊接。③电渣压力焊前，钢筋端头应无弯曲，并应对端头焊接区作彻底的除锈处理。④焊剂的选择与

使用应符合《钢筋焊接及验收规程》（JGJ18-2012）的有关规定。⑤雨雪天不得施焊，负温（-5℃左右）下焊接应调整工艺参数，并应防风。⑥施工过程中应随时检查接头的外观质量，如发现缺陷（焊色不匀、咬边、烧伤、气孔、偏心、弯折等），应督促及时采取措施加以解决。

2. 钢筋连接质量检验

（1）主控项目；钢筋的连接方式应符合设计要求。

检查数量：全数检查。

检验方法：观察。

钢筋采用机械连接或焊接连接时，钢筋机械连接接头、焊接接头的力学性能、弯曲性能应符合国家现行相关标准的规定。接头试件应从工程实体中截取。

检查数量：按现行行业标准《钢筋机械连接技术规程》（JGJ107-2016）和《钢筋焊接及验收规程》（JGJ18-2012）的规定确定。

检验方法：检查质量证明文件和抽样检验报告。

钢筋采用机械连接时，螺纹接头应检验拧紧扭矩值，挤压接头应测量压痕直径，检验结果应符合现行行业标准《钢筋机械连接技术规程》（JGJ107-2016）的相关规定。

检查数量：按现行行业标准《钢筋机械连接技术规程》（JGJ107-2016）的规定确定。

检验方法：采用专用扭力扳手或专用量规检查。

（2）一般项目。钢筋接头的位置应符合设计和施工方案要求。有抗震设防要求的结构中，梁端、柱端箍筋加密区范围内不应进行钢筋搭接。接头末端至钢筋弯起点的距离不应小于钢筋直径的10倍。

检查数量：全数检查。

检验方法：观察、尺量。

钢筋机械连接接头、焊接接头的外观质量应符合现行行业标准《钢筋机械连接技术规程》（JGJ107-2016）和《钢筋焊接及验收规程》（JGJ18-2012）的规定。

检查数量：按现行行业标准《钢筋机械连接技术规程》（JGJ107-2016）和《钢筋焊接及验收规程》（JGJ18-2012）的规定确定。

检验方法：观察、尺量。

当纵向受力钢筋采用机械连接接头或焊接接头时，同一连接区段内纵向受力钢筋的接头面积百分率应符合设计要求；当设计无具体要求时，应符合下列规定：①受拉接头，不宜大于 50%；受压接头，可不受限制。②直接承受动力荷载的结构构件，不宜采用焊接；当采用机械连接时，不应超过 50%。

检查数量：在同一检验批内，对梁、柱和独立基础，应抽查构件数量的 10%，且不应少于 3 件；对墙和板，应按有代表性的自然间抽查 10%，且不应少于 3 间；对大空间结构，墙可按相邻轴线间高度 5 米左右划分检查面，板可按纵横轴线划分检查面，抽查 10%，且均不应少于 3 面。

检验方法：观察、尺量。

当纵向受力钢筋采用绑扎搭接接头时，接头的设置应符合下列规定：①接头的横向净间距不应小于钢筋直径，且不应小于 25 毫米。②同一连接区段内，纵向受拉钢筋的接头面积百分率应符合设计要求；当设计无具体要求时，应符合下列规定：

a. 梁类、板类及墙类构件，不宜超过 25%；筏板基础，不宜超过 50%。

b. 柱类构件，不宜超过 50%。

c. 当工程中确有必要增大接头面积百分率时，对梁类构件，不应大于 50%。

检查数量：在同一检验批内，对梁、柱和独立基础，应抽查构件数量的 10%，且不应少于 3 件；对墙和板，应按有代表性的自然间抽查 10%，且不应少于 3 间；对大空间结构，墙可按相邻轴线间高度 5 米左右划分检查面，板可按纵横轴线划分检查面，抽查 10%，且均不应少于 3 面。

检验方法：观察、尺量。

梁、柱类构件的纵向受力钢筋搭接长度范围内箍筋的设置应符合设计要求；当设计无具体要求时，应符合下列规定：①箍筋直径不应小于搭接钢筋较大直径的 1/4。②受拉搭接区段的箍筋间距不应大于搭接钢筋较小直径的 5 倍，且不应大于 100 毫米。③受压搭接区段的箍筋间距不应大于搭接钢筋较小直径的 10 倍，且不应大于 200 毫米。④当柱中纵向受力钢筋直径大于 25 毫米时，应在搭接接头两个端面外 100 毫米范围内各设置两个箍筋，其间距宜为 50 毫米。

检查数量：在同一检验批内，应抽查构件数量的 10%，且不应少于 3 件。

检验方法：观察、尺量。

3. 钢筋连接质量通病及防治措施

（1）已焊钢筋表面局部有削弱质量隐患。防治措施如下：①严格操作，避免带电的焊条、焊把与钢筋非焊接部位接触，引起电弧烧伤钢筋。②地线与钢筋接触要良好紧固。③ HRB335 级、HRB400 级钢筋有烧伤缺陷时，应予以铲除磨平，视情况补焊加固，然后进行回火处理。

（2）焊缝与钢筋交界处烧成缺口，没有得到熔化金属的补充。防治措施如下：①选择合适的电流，避免电流过大。②缩短焊接时间。③对已经产生咬边的部位，清渣后应进行补焊。

（3）钢筋焊接区，上下电极与钢筋表面接触处均有烧伤，焊点周围熔化钢液外溢过大。防治措施如下：①严格执行班前试验，正确优选焊接参数，进行试焊样品质量自检。②电压的变化直接影响焊点强度。一般情况下，电压降低 15%，焊点强度可降低 20%；电压降低 20%，焊点强度可降低 40%。因此，要随时注意电压的变化，电压降低或升高应控制在 5% 的范围内。③降低变压器级数，缩短通电时间。

（4）焊接头两端轴线偏移大于 0.15d（d 为较小钢筋直径），或超过 4 毫米，接头弯折角度大于 4°。防治措施如下：①焊接前检查夹具质量，分析有无产生偏心和弯折的可能。②确认夹紧钢筋后再实行焊接。③焊接完成，待接头红色消失后，再卸下夹具，以免钢筋倾斜。④对弯折角大于 4°的可以加热后校正；对于偏心大于 0.15d（d 为较小钢筋直径），或超过 4 毫米的要割掉重焊。

二、模板工程质量检验

模板是新浇混凝土成型用的模型，模板系统由模板、支承件和紧固件组成。要求：能保证结构和构件的形状、尺寸准确；有足够的强度、刚度和稳定性；装拆方便，可多次使用。

1. 内容概况

本任务主要从模板安装和模板拆除两个方面对模板工程质量控制、质量检验和质量通病及防治措施进行讲解。

2. 知识目标

了解模板工程的质量控制要点；熟悉模板工程质量检验的方法；掌握模板工程质量通病的防治措施。

3. 能力目标

能根据模板工程质量控制要点、工程质量验收标准对模板工程进行质量控制和验收；能够防治模板工程的质量通病。

4. 引领案例

某市电视台演播中心工程地下二层、地上十八层，建筑面积为 34000 平方米，采用现浇框架—剪力墙结构体系。7 月，开始搭设模板支撑系统支架，支架钢管、扣件等总吨位约为 290t，钢管和扣件分别由甲方、市建工局材料供应处、某物资公司提供或租用。原计划 9 月月底完成屋面混凝土浇筑，预计 10 月 25 日下午 4 时完成混凝土浇筑。在大演播厅舞台支撑系统支架搭设前，项目部在没有施工方案的情况下，按搭设顶部模板支撑系统的施工方法，先后完成了三个演播厅、门厅和观众厅的搭设模板和浇筑混凝土施工。

8 月 22 日，开始搭设施工，但时断时续。搭设时没有施工方案，没有图纸，没有进行技术交底。由项目副经理成某决定支架立杆、纵横向水平杆的搭设尺寸按常规（即前五个厅的支架尺寸）进行搭设，由项目部施工员丁某在现场指挥搭设。

10 月 17 日，开始进行模板安装，10 月 24 日完成。24 日，木工工长孙某向项目部副经理成某反映水平杆加固没有到位，成某即安排架子工加固支架；25 日浇筑混凝土时，仍有 6 名架子工在继续加固支架。

10 月 25 日 6 时 55 分开始浇筑混凝土，10 时 10 分，当浇筑混凝土由北向南单向推进，浇至主次梁交叉点区域时，模板支架立杆失稳，引起支撑系统整体倒塌。屋顶模板上正在浇筑混凝土的工人纷纷随塌落的支架和模板坠落，部分工人被塌落的支架、模板和混凝土浆掩埋。最后，造成正在现场施工的民工和电视台工作人员 6 人死亡、35 人受伤（其中重伤 11 人），直接经济损失 70.78 万元。

问题：

1. 请指出施工中存在的管理问题，哪些地方没有按照建设程序施工？

2. 模板应如何搭设？搭设完成后如何进行验收？

（一）模板安装工程

1. 模板安装工程质量控制

（1）模板材料质量要求。钢模板制作。钢模板宜采用标准化的组合模板。组合钢模板的拼装应符合现行国家标准《组合钢模板技术规范》（GB/

T50214-2013）的规定。各种螺栓连接件应符合现行国家有关标准的规定。钢模板及其配件应按批准的加工图加工，成品经检验合格后方可使用。

木模板制作。木模板可在工厂或施工现场制作，木模板与混凝土接触的表面应平整、光滑，多次重复使用的木模板应在内侧加钉薄钢板。木模板的接缝可做成平缝、搭接缝或企口缝。当采用平缝时，应采取措施防止漏浆。木模板的转角处应加嵌条或做成斜角。重复使用的模板应始终保持其表面平整、形状准确，不漏浆，有足够的强度和刚度。

（2）模板安装质量控制。安装模板之前，应事先熟悉设计图纸，掌握建筑物结构的形状、尺寸，并根据现场条件，初步考虑好立模及支撑的程序，以及与钢筋绑扎、混凝土浇捣等工序的配合，尽量避免工种之间相互干扰。①模板竖立后，须切实校正位置和尺寸，垂直方向用垂球校对，水平长度用钢尺丈量两次以上，务必使模板的尺寸符合设计标准。②模板各结合点与支撑必须坚固紧密，牢固可靠，尤其是采用振捣器捣固的结构部位，更应注意，以免在浇捣过程中发生裂缝、鼓肚等不良情况。但为了增加模板的周转次数，减少模板拆模损耗，模板结构的安装应力求简便，尽量少用圆钉，多用螺栓、木楔、拉条等进行加固联结。

③凡属承重的梁板结构，跨度大于4米以上时，由于地基的沉陷和支撑结构的压缩变形，跨中应预留起拱高度。④为避免拆模时建筑物受到冲击或震动，安装模板时，撑柱下端应设置硬木楔形垫块，所用支撑不得直接支承于地面，应安装在坚实的桩基或垫板上，使撑木有足够的支承面积，以免沉陷变形。⑤模板安装完毕，最好立即浇筑混凝土，以防日晒雨淋导致模板变形。为保证混凝土表面光滑和便于拆卸，宜在模板表面涂抹肥皂水或润滑油。夏季或在气候干燥情况下，为防止模板干缩裂缝漏浆，在浇筑混凝土之前，需洒水养护。如发现模板因干燥产生裂缝，应事先用木条或油灰填塞补充。⑥安装边墙、柱等模板时，在浇筑混凝土以前，应将模板内的木屑、刨片、泥块等杂物清除干净，并仔细检查各联结点及接头处的螺栓、拉条、楔木等有无松动滑脱现象。在浇筑混凝土过程中，木工、钢筋、混凝土、架子等工种均应有专人“看仓”，以便发现问题随时加固修理。

2. 模板安装工程质量检验

（1）主控项目。模板及支架用材料的技术指标应符合现行国家有关标准的规定。进场时应抽样检验模板和支架材料的外观、规格和尺寸。

检查数量：按国家现行相关标准的规定确定。

检验方法：检查质量证明文件；观察、尺量。

现浇混凝土结构模板及支架的安装质量，应符合现行国家有关标准的规定和施工方案的要求。

检查数量：按现行国家相关标准的规定确定。

检验方法：按现行国家有关标准的规定执行。

后浇带处的模板及支架应独立设置。

检查数量；全数检查。

检验方法：观察。

支架竖杆和竖向模板安装在土层上时，应符合下列规定：①土层应坚实、平整，其承载力或密实度应符合施工方案的要求②应有防水、排水措施；对冻胀性土，应有预防冻融措施。③支架竖杆下应有底座或垫板。

检查数量：全数检查。

检验方法：观察；检查土层密实度检测报告、土层承载力验算或现场检测报告。

（2）一般项目。模板安装质量应符合下列规定：①模板的接缝应严密。②模板内不应有杂物、积水或冰雪等。③模板与混凝土的接触面应平整、清洁。④用作模板的地坪、胎膜等应平整、清洁，不应有影响构件质量的下沉、裂缝、起砂或起鼓。⑤对清水混凝土及装饰混凝土构件，应使用能达到设计效果的模板。

检查数量：全数检查。

检验方法：观察。

隔离剂的品种和涂刷方法应符合施工方案的要求。隔离剂不得影响结构性能及装饰施工；不得污染钢筋、预应力筋、预埋件和混凝土接槎处；不得对环境造成污染。

检查数量；全数检查。

检验方法：检查质量证明文件；观察。

模板的起拱应符合现行国家标准《混凝土结构工程施工规范》(GB50666-2011）的规定，并应符合设计及施工方案的要求。

检查数量：在同一检验批内，对梁，跨度大于18米时应全数检查，跨度不大于18米时应抽查构件数量的10%，且不应少于3件；对板，应按有代表性的自然间抽查10%，且不应少于3间；对大空间结构，板可按纵、横轴线划分检查面，抽查10%，且不应少于3面。

检验方法：水准仪或尺量。

现浇混凝土结构多层连续支模应符合施工方案的规定。上下层模板支架的竖杆宜对准。竖杆下垫板的设置应符合施工方案的要求。

检查数量：全数检查。

检验方法：观察。

固定在模板上的预埋件和预留孔洞不得遗漏，且应安装牢固。有抗渗要求的混凝土结构中的预埋件，应按设计及施工方案的要求采取防渗措施。

预埋件和预留孔洞的位置应满足设计和施工方案的要求。当设计无具体要求时，其位置偏差应符合表 4-1 的规定。

检查数量：在同一检验批内，对梁、柱和独立基础，应抽查构件数量的 10%，且不应少于 3 件；对墙和板，应按有代表性的自然间抽查 10%，且不应少于 3 间；对大空间结构墙可按相邻轴线间高度 5 米左右划分检查面，板可按纵、横轴线划分检查面，抽查 10%，且均不应少于 3 面。

检验方法：观察、尺量。

表 4-1 预埋件和预留孔洞的安装允许偏差

项目	允许偏差 / 毫米	
预埋板中心线位置	3	
预埋管、预留孔中心线位置	3	
插筋	中心线位置	5
	外露长度	+10，0
预埋螺栓	中心线位置	2
	外露长度	+10，0
预留洞	中心线位置	10
	尺寸	+10，0
注：检查中心线位置时，沿纵、横两个方向量测，并取其中偏差的较大值。		

现浇结构模板安装的允许偏差及检验方法应符合表 4-2 的规定。

检查数量：在同一检验批内，对梁、柱和独立基础，应抽查构件数量的 10%，且不应少于 3 件；对墙和板，应按有代表性的自然间抽查 10%，且不应少于 3 间；对大空间结构，墙可按相邻轴线间高度 5 米左右划分检查面，板可按纵、横轴线划分检查面，抽查 10%，且均不应少于 3 面。

表 4-2 现浇结构模板安装的允许偏差及检验方法

项目		允许偏差 / 毫米	检验方法
轴线位置		5	尺量
底模上表面标高		±5	水准仪或拉线、尺量
模板内部尺寸	基础	±10	尺量
	柱、墙、梁	±5	尺量
	楼梯相邻踏步高差	5	尺量
柱、墙垂直度	层高≤ 6 米	8	经纬仪或吊线、尺量
	层高 >6 米	10	经纬仪或吊线、尺量
相邻模板表面高差		2	尺量
表面平整度		5	2 米靠尺和塞尺测量
注：检查轴线位置，当有纵横两个方向时，沿纵、横两个方向测量，并取其中偏差的较大值。			

预制构件模板安装的允许偏差及检验方法应符合表 4-3 的规定。

表 4-3 预制构件模板安装的允许偏差及检验方法

项目		允许偏差 / 毫米	检验方法
长度	梁、板	±4	尺量两侧边，取其中较大值
	薄腹梁、桁架	±8	
	柱	0，-10	
	墙板	0，-5	
宽度	板、墙板	0，-5	尺量两端及中部，取其中较大值
	薄腹梁、桁架	+2，-5	
高（厚）度	板	+2，-3	尺量两端及中部，取其中较大值
	墙板	0，-5	
	梁、薄腹梁、桁架、柱	+2，-5	
侧向弯曲	梁、板、柱	L/1000 且≤ 15	拉线、尺量最大弯曲处
	墙板、薄腹梁、桁架	L/1500 且≤ 15	
板的表面平整度		3	2 米靠尺和塞尺测量
相邻模板表面高低差		1	尺量
对角线差	板	7	尺量两对角线
	墙板	5	

续表

翘曲	板、墙板	L/1500	水平尺在两端测量
设计起拱	薄腹梁、桁架、梁	±3	拉线、尺量跨中
注：L 为构件长度（毫米）。			

检查数量：首次使用及大修后的模板应全数检查；使用中的模板应抽查10%，且不应少于5件，不足5件时应全数检查。

3. 模板安装工程质量通病及防治措施

（1）轴线位移。防治措施如下：①严格按1/10—1/15的比例将各分部、分项绘成详图并注明各部位编号、轴线位置、几何尺寸、剖面形状、预留孔洞、预埋件等，经复核无误后认真对生产班组及操作工人进行技术交底，作为模板制作、安装的依据。②模板轴线测放后，组织专人进行技术复核验收，确认无误后才能支模。③墙、柱模板根部和顶部必须设可靠的限位措施。④支模时要拉水平、竖向通线，并设竖向垂直度控制线，以保证模板水平、竖向位置准确。⑤根据混凝土结构特点，对模板进行专门设计，以保证模板及其支架具有足够强度、刚度及稳定性。⑥混凝土浇筑前，对模板轴线、支架、顶撑、螺栓要认真检查、复核，发现问题及时进行处理。⑦混凝土浇筑时，要均匀对称下料，浇筑高度应严格控制在施工规范允许的范围内。

（2）标高偏差。防治措施如下：①每层楼设足够的标高控制点，竖向模板根部须做找平。②模板顶部设标高标记，严格按标记施工。③建筑楼层标高由首层±0.000标高控制，严禁逐层向上引测，以防止累计误差，当建筑高度超过30米时，应另设标高控制线，每层标高引测点应不少于2个，以便复核。④预埋件及预留孔洞，在安装前应与图纸对照，确认无误后准确固定在设计位置上，必要时用电焊或套框等方法将其固定，在浇筑混凝土时，应沿其周围分层均匀浇筑，严禁碰击和振动预埋件模板。⑤楼梯踏步模板安装时应考虑装修层厚度。

（3）结构变形。防治措施如下：①设计模板及支撑系统时，应充分考虑其本身自重、施工荷载及混凝土的自重和浇捣时产生的侧向压力，以保证模板及支架有足够的承载能力、刚度和稳定性。②梁底支撑间距应能够保证在混凝土重量和施工荷载作用下不产生变形，支撑底部若为泥土地基，应先认真夯实，设排水沟，并铺放通长垫木或型钢，以确保支撑不沉陷。③组合小钢模拼装时，连接件应按规定放置，围檩及对拉螺栓间距、规格应按设计要求设置。④梁、柱模板若采用卡具时，其间距要按规定设置，并要卡紧模板，其宽度比截面尺寸略小。⑤梁、墙模板上部必须有临时撑头，以保证混凝土浇捣时的梁、墙上口宽度。⑥浇捣混凝土时，要均匀对称下料，严格控制浇灌高度，特别是门窗洞口模板两侧，既要保证混凝土振捣密实，又要防止过分振捣引起模板变形。⑦对跨度不小于 4 米的现浇钢筋混凝土梁、板，其模板应按设计要求起拱；当设计无具体要求时，起拱高度宜为跨度的 1/1000—3/1000。⑧采用木模板、胶合板模板施工时，经验收合格后应及时浇筑混凝土，防止木模板长期暴晒、雨淋发生变形。

(4) 接缝不严。防治措施如下：①翻样要认真，严格按 1/10—1/50 比例将各分部、分项细部翻成详图，详细编注，经复核无误后认真向操作工人交底，强化工人质量意识，认真制作定型模板并拼装。②严格控制木模板含水率，制作时拼缝严密。③木模板安装周期不宜过长，浇筑混凝土时，木模板要提前浇水湿润。④钢模板变形，要及时修整平直。⑤钢模板间嵌缝措施要控制，不能用油毡、塑料布、水泥袋等去嵌缝堵漏。⑥梁、柱交接部位支撑要牢靠，拼缝要严密（必要时缝间加双面胶纸），发生错位要校正好。

(5) 脱模剂使用不当。防治措施如下：①拆模后，必须清除模板上遗留的混凝土残浆后再刷脱模剂。②严禁用废机油做脱模剂。脱模剂材料选用原则应为：既便于脱模又便于混凝土表面装饰。选用的材料有皂液、滑石粉、石灰水及其混合液和各种专门化学制品脱模剂等。③脱模剂材料宜拌成稠状，应涂刷均匀，不得流淌，一般刷两次为宜，以防漏刷，也不宜涂刷过厚。④脱模剂涂刷后，应在短期内及时浇筑混凝土，以防隔离层遭受破坏。

(6) 模板未清理干净。防治措施如下：①钢筋绑扎完毕，用压缩空气或压力水清除模板内垃圾。②在封模前，派专人将模内垃圾清除干净。③墙柱根部、梁柱接头处预留清扫孔，预留孔尺寸≥100 毫米 ×100 毫米，模内垃圾清除完毕后及时将清扫口处封严。

（二）模板拆除工程

1. 模板拆除工程的质量控制

(1) 模板拆除时，可采取先支的后拆，后支的先拆，先拆非承重模板、后拆承重模板的顺序，并应从上而下进行拆除。

（2）当混凝土强度达到设计要求时，方可拆除底模及支架；当设计无具体要求时，同条件养护试件的混凝土抗压强度应符合表 4-4 的规定。

表 4-4 底模拆除时的混凝土强度要求

构件类型	构件跨度 / 米	按达到设计混凝土强度等级值的百分率计 /%
板	≤ 2	≥ 50
	＞ 2，≤ 8	≥ 75
	＞ 8	≥100
梁、拱、壳	≤ 8	≥ 75
	＞ 8	≥ 100
悬臂构件	≥ 100	

（3）当混凝土强度能保证其表面及棱角不受损伤时，方可拆除侧模。

（4）多个楼层间连续支模的底层支架拆除时间，应根据连续支模的楼层间荷载分配和混凝土强度的增长情况确定。

（5）快拆支架体系的支架立杆间距不应大于 2 米。拆模时应保留立杆并顶托支承楼板，拆模时的混凝土强度可取构件跨度为 2 米。

（6）对于后张预应力混凝土结构构件，侧模宜在预应力张拉前拆除；底模支架不应在结构构件建立预应力前拆除。

（7）拆下的模板及支架杆件不得抛扔，应分散堆放在指定地点，并应及时清运。

（8）模板拆除后应将其表面清理干净，对变形和损伤部位应进行修复。

2. 模板拆除工程质量通病及防治措施

（1）混凝土表面或模板表面损坏。防治措施：施工单位模板拆除前进行交底，明确不能暴力拆模。

（2）过早拆除模板。防治措施如下：①做好施工方案设计，配备足够数量的模板。②现场做好混凝土试块并进行同条件养护，以检查现场混凝土是否已达到拆模要求的强度标准。

第五章　绿色工程项目施工管理

第一节　绿色建筑概述

绿色建筑指在建筑的全寿命周期内，最大限度地节约资源，包括节能、节地、节水、节材等，保护环境和减少污染，为人们提供健康、舒适和高效的使用空间，与自然和谐共生的建筑物。绿色建筑技术注重低耗、高效、经济、环保、集成与优化，是人与自然、现在与未来之间的利益共享，是可持续发展的建设手段。

绿色建筑的室内布局十分合理，尽量减少使用合成材料，充分利用阳光，节省能源，为居住者创造一种接近自然的感觉。以人、建筑和自然环境的协调发展为目标，在利用自然条件和人工手段创造良好、健康的居住环境的同时，尽可能控制和减少对自然环境的使用和破坏，充分体现向大自然的索取和回报之间的平衡。

一、绿色建筑起源

绿色建筑的概念起源于 20 世纪 60 年代，正式确立于 20 世纪 90 年代。伴随着全球经济的快速发展，资源大量消耗，环境污染越来越严重，地球生态系统遭受严峻考验，走可持续发展道路的呼声日渐高涨。1992 年联合国环境和发展大会《里约环境与发展宣言》提出了“可持续发展”（Sustainable Development）思想。这一新的思想催生了新的可持续发展建筑观，即保护生态、创造可持续发展的人类生存环境，是 21 世纪建筑的基本任务。

随着全球气候不断变暖，世界各国对建筑节能的关注程度正日益增加，人们越来越认识到，建筑使用能源所产生的 CO_2 是造成气候变暖的主要原因之一，节能建筑成为建筑发展的必然趋势，绿色建筑理念也应运而生，人们开始了研究探索和不断实践。1990年世界首个绿色建筑标准在英国发布;1993年美国创建绿色建筑协会;1996年香港地区推出绿色建筑标准;1999年台湾省推出绿色建筑标准;2000年加拿大推出绿色建筑标准。经过二十年的不断努力,绿色建筑在美国及欧洲国家受到极大推广并取得良好发展。20世纪末,绿色建筑概念引入我国,2006年中国正式推出相应的绿色建筑评价标准(GB/T50378-2006)。

二、绿色建筑的发展情况

(一)绿色建筑的研究背景

随着经济和城市化的快速发展,环境和能源问题日趋严峻,建筑作为能源消耗的主要消费者和环境污染的重要制造者必然成为人们关注的焦点。在此大背景下,绿色建筑应运而生。那究竟什么是绿色建筑呢?归纳起来绿色建筑具有人居环境健康舒适、建筑低能耗,利于资源节约、可持续发展的重要特征。

(二)国外绿色建筑发展状况

1. 萌芽阶段(20世纪70年代以前)

20世纪60年代以前的生态建筑设计主要体现在对气候的关注。1963年,维克多奥戈雅《设计结合气候:建筑地方主义的生物气候研究》概括总结了20世纪60年代以前建筑设计与气候、地域关系的研究成果,提出了“生物气候地方主义”设计理论与方法。

20世纪60年代,美籍意大利著名建筑师保罗把生态学(ecology)和建筑学(architecture)概念综合在一起,提出了著名的“生态建筑”(orology)新理念,使得人们对建筑的本质又有了新的认识,建筑领域的生态意识逐渐被唤醒。

2. 初步发展阶段(20世纪70—90年代)

20世纪70年代,面对日趋恶化的生存条件和能源危机,尤其是阿拉伯石油公司石油禁运事件发生之后,工业发达国家激发了对建筑节能的研究兴趣,节能围护结构等新技术应运而生。

20世纪80年代开始,建筑师们将目光逐渐聚焦在了建筑的历史性和地区性上。他们基于实际情况,结合当地的自然条件、气候、经济状况、技术水平以及历史文化传统等方面的因素，来研究和设计人类的生存空间。

进入20世纪90年代，世界各国关于可持续建筑的研究又有了新的进展。1990年，英国率先制定了世界首个绿色建筑评估标准。1992年，在巴西召开的联合国环境与发展大会使“可持续发展的概念”被国际社会广泛接受，并首次提出了绿色建筑概念。

3. 蓬勃发展阶段（21世纪至今）

21世纪，绿色建筑迎来了它的蓬勃兴盛期，它的内涵与外延获得了极大丰富。日本在绿色建筑方面提出了“建筑的节能与环境共存设计”与“环境共生住宅”的概念。继20世纪90年代英、美等国之后，全球引发了对绿色建筑评估的热潮，相继出台了符合地域特点的绿色建筑评估体系，极大地规范和推动绿色住宅的发展。如日本的CASBEE、德国的LNB、法国的ESCALE等。

（三）国内绿色住宅的研究进展

1. 萌芽阶段（20世纪80年代及以前）

20世纪80年代，顾孟潮先生在国内首先提出了“未来的世界是生态建筑学的时代”的观点。全国各地也在努力研究能够改善建筑性能的办法。国内绿色建筑进入萌芽阶段。

2. 初步发展阶段（1990年—2006年）

20世纪80年代以后，我国开始提倡建筑节能，但是有关绿色建筑的系统研究还处于初步发展阶段，在许多相关的技术研究领域仍是空白。1994年，根据我国国情，国家颁布了《中国21世纪议程》，提出我国人口、社会、经济、资源要与环境协调、可持续发展的总体发展战略，标志着建筑的可持续发展成为政府和行业的共识。

3. 蓬勃发展阶段（2006年至今）

在总结以往绿色建筑技术体系的基础上，我国于2006年出台了《绿色建筑评价标准》。2009年，中国建筑科学研究院环境测控优化研究中心成立，协助地方政府和业主方申请绿色建筑标识。2011年，国内掀起了一股建设生态城市热潮，带动了绿色建筑从建筑向城市的发展，其中生态城市要求新建建筑中绿色建筑所占比例80%以上，截至2012年年底，全国已有670多个项目获得绿色建筑评价标识。政府部门对绿色建筑发展也给予高度重视，2012 年 4 月我国财政部和住房和城乡建设部发布了《关于加快推动我国绿色建筑发展的实施意见》，提出了以绿色建筑规模化发展为目标，并制定了绿色建筑补贴政策，2013 年 1 月国务院办公厅发布的《绿色建筑行动方案》提出将绿色建筑行动的目标任务科学分解到省级政府，纳入省级政府节能目标责任评价考核体系，到 2015 年新增绿色建筑 10 亿平方米以上。

因此，除了借鉴世界各国在绿色建筑发展中的先进经验以外，我国还需结合自己的实际情况，因地制宜加强对绿色建筑概念的教育与培训，提升全社会对绿色建筑的认识。

三、绿色建筑与可持续发展

“绿色建筑”中的“绿色”，并不是指一般意义的立体绿化、屋顶花园，而是代表一种概念或象征，指建筑对环境无害，能充分利用自然环境资源，并且在不破坏环境基本生态平衡条件下建造的一种建筑，又可称为可持续发展建筑、生态建筑、回归大自然建筑、节能环保建筑等。

（一）绿色建筑实施的必要性

1. 减少能源消耗，保护环境和减少污染。

我们为什么需要发展并推广绿色建筑呢？

最简单的回答是由于传统建筑并不是一个可持续发展的选择。举例来说：

A. 清理原本自然状况下的土地会造成野生生物的消亡。

B. 建筑材料的生产、制造、运输等都会造成水和空气的污染，而它们释放的有害气体会加剧大气的破坏或加剧温室效应。

目前的传统建筑消耗了太多的能源，制造了太多的垃圾和污染。如果放任自流，我们的环境和经济都将遭受极大破坏。

经调查研究，在美国，传统建筑材料的生产、使用、运输占据和消耗的能源比例如下：

消耗了 14% 的可饮用水。

产生了 30% 的垃圾及污染。

二氧化碳释放量占 38%。

使用了 40% 的原材料。

消耗了 39% 的能源。

消耗了 72% 的电能。

在中国，由于建设量更高，这个比例还要更加巨大。

这样大量的消耗和污染，其实是以透支我们子孙后代的生存环境为代价的。为了减少对不可再生资源的消耗，绿色建筑主张调整或改变现行的设计观念和方式，使建筑由高能耗方式向低能耗方向转化，依靠节能技术，提高能源使用效率以及开发新能源，使建筑逐步摆脱对传统能源的过分依赖，实现一定程度上能源使用的自给自足。

数据表明，绿色建筑总体来说可以减少 13% 的维护费用，节省 26% 的能源消耗，还可以获得更高的使用满意度，从而带来更高的利润。所以，尽管可能由于设备、研究等会增加前期的投资，绿色建筑在经济效益、环境保护及可持续发展中还是具有重大优势的。

2. 可以为人提供更加舒适的工作、居住、生活环境。

建筑是人类生活、工作、娱乐的主要场所。调查显示，现代社会人有 90% 的时间是在室内度过的。室内环境的好坏于是成为影响人们生活品质及健康至关重要的因素。

现代经济的发展和科学技术的进步，使得人类可以用机械空调来改善生活和工作环境，这自然是人类的幸运，但这种违背气候环境的高能耗建筑使我们付出了巨大的经济和能源代价，同时增加了生态环境的污染，也在很大程度上使居者与自然环境人为地分离。为了克服现行建筑模式对人的负面影响，绿色建筑注重地区气候与建筑的关系，并将考虑地方气候特点的设计作为绿色建筑的一项基本内容，这是一种按人体的舒适要求和气候条件来进行建筑设计的系统方法，即根据当地气候特征，运用物理相关原理，合理组织各种建筑因素。事实上，人类对于环境的舒适、健康需求，常常无须现行空调设备也能得到满足，如：我国陕北的窑洞在 -20℃左右的气候下，其室内被大地包围着，仍保持着 15℃上下的舒适室温；还有西双版纳干阑住宅在酷热的气候中，仍可在室内创造出荫凉的空间。因此，以绿色建筑的设计观来看，大自然是主要的供给者，而辅助设备系统属于其次。因而大部分的照明可以由太阳光提供，制冷由流动的空气产生，采暖可以通过其他自然方式补充：太阳加热。考虑地方气候特点的设计是一种可以在任何技术层次上使用的方法，因为，在绿色建筑中气候所包含的各种因素是当作资源来考虑的，充分利用气候资源，提高气候资源利用率，是考虑地方气候特点的设计的本质。如果将其原理与未来智能技术、信息技术、控制技术以及其他节能技术结合在一起，就会使绿色建筑前景变得丰富多彩。

3. 绿色建筑的第三大优点是它考虑建筑整个生命周期的可持续开发。

传统建筑往往是阶段性的，分专业去考虑，缺乏系统的统筹控制和规划。而绿色建筑最重要的一点就是它控制建筑从选址、设计、施工到建筑交付使用，至最终拆除的全过程，而且在项目开始就会要求全专业一起参与评估，设计节能及可持续发展的目标。它把建筑设计看作一个整体的而不是肢解的片段，比传统建筑考虑得更加全面及深远。

（二）发展绿色建筑的方法和措施

1. 从社会角度来说，绿色建筑开发涉及政府、开发商以及消费者之间的多重关系。政府需要通过制定相关的政策法规来规范开发商的行为，不断推动绿色建筑开发活动顺利进行，而市场则通过消费者的购买意愿以及需求情况，激励和拉动绿色建筑的开发活动。通过对政府、开发商的博弈分析，得出绿色建筑开发管理机制，应建立完善的激励与惩罚政策体系并完善与绿色建筑相关的税收体系。

另外，建立健全绿色建筑的法律法规和行业规范，制定完备的评价、评估体系也是非常重要的。在这方面我国政府已经着手，在修改有关法律时，增加有关绿色建筑的内容，增加对能源、土地、水资源、材料节约的奖惩条文，提高各方利益主体参与积极性。建立绿色建筑的评估、认证、标准等体系，逐步形成一套内容配套、体系完整的绿色建筑法律法规和政策体系。

2. 从技术角度来说，绿色建筑的实施应当遵循以下的原则：

（1）绿色建筑设计必须深入到整个建筑生命周期中考察、评估建筑能耗状况及其对环境的影响，建立全面的能源观。从而控制从选址、设计、施工、使用，直至最终拆除的整个过程。

（2）需要将规划、建筑、景观、室内、照明、标识等作为一个完整的体系来综合考虑。不同设计内容之间其实有很大的交叉重叠的部分，综合完整地考虑可避免重复使用带来的资源浪费，也可以增加能源的循环性。

（3）优化场地选择。尽量避免选择绿化林地等，尽量减少对自然的破坏。

（4）在项目开始时就要在所有团队成员参与的情况下共同讨论、评估、并设立一个明确的目标，这个目标可以知道接下来设计和实施的过程，可以约束团队成员将目标很好地实施和完成。

(5) 因地制宜。最大化利用当地的日光、微气候，做适于当地自然气候条件的建筑。也应当尽量减少使用空调和人工照明，通过建筑外围护结构设计，以及采用高效保温材料复合墙体和屋面、密封性良好的多层窗，减少建筑运行能耗。目前，美国已开始大规模生产热反射膜，主要用于建筑节能。此外，还可运用高效节能玻璃，硅气凝胶等新型节能墙材，以提高节能效率。

(6) 利用当地的材料，可循环利用的材料及可再生能源。这样做的好处，一是可以避免运输建筑材料而造成巨大的污染。二是可循环利用的材料既避免了最初的浪费，又避免了最终拆除产生的垃圾和废弃物。三是可以利用当地既有的自然能源（如太阳能采暖、热水、发电及风力发电装置等），以降低维护成本，并减少再生资源的消耗。

(7) 高效利用可饮用水。循环利用雨水、海水，最小化废水和废水径流。并选择恰当的节水器具。

(8) 关注室内环境，以人为本，要尽量为使用者提供一个健康、舒适的室内环境，减少废气排放，注意自然通风和采光。

(9) 绿色建筑不仅局限于新建筑，它还涵盖了对于老建筑和已有建筑的绿色改造，使原本的建筑通过相应的节能环保措施达到绿色建筑的相关指标，从而达到保护生态环境和可持续发展的目的。

（三）对绿色建筑的发展前景分析

“绿色地产”并非与生俱来的，而是建筑行业发展到一定程度才被提起。很大程度上，绿色地产的由来是受到“可持续发展”概念的影响。当土地资源越来越少，人口越来越多，建筑师们就不得不去探寻新的建筑形式来适应人类社会变化带来的居住变化。与非绿色建筑相比，绿色建筑的经济性优势来自其全生命周期成本削减与附加价值提升两方面。全生命周期成本的削减既包括通过节约基本建设费用、以整合度更高的技术体系取代传统系统、采用被动式的设计策略等方法所实现的初投资减量，也包括节能、节水、节材策略实现的使用成本的减量。而绿色建筑的价值提升则来源于绿色设计所提供的三种附加效益——产品更具市场竞争力、更舒适和更健康。应该看到，绿色建筑经济性优势的实现仅靠技术优化是远远不够的，任何的建筑活动都是社会协作的结果，绿色建筑生态和经济综合价值的实现，需要不同群体的协调配合，因此制度的作用不可忽视。

绿色建筑与绿色文化、可持续发展理论是一种互动关系，绿色文化、可持续发展理论推动了绿色建筑体系的发展，而绿色建筑又丰富了绿色文化的内容，为人类实现可持续发展作出重要的贡献。目前，作为发展中国家，我国正处于经济快速增长时期，建筑业发展尤为迅猛，但其所带来的资源、环境、生态问题日益凸显，严重制约了我国经济的可持续发展，作为国民经济支柱产业的建筑业，在生态环境日益恶化的趋势尚未得到有效控制的情况下，实现其可持续发展是非常必要的。绿色建筑在发达国家已取得相当的发展成果，有关绿色建筑的理论研究和新的工程示范项目，不断在各地涌现，当前，绿色建材和产品的生产认证，高性能绿色建筑技术的开发研究，权威的绿色建筑标准、法规、规范的建立，评估体系的进一步提高和完善，以及绿色建筑投资费用的降低和使用效率提高所带来的效益不断增加，特别是公众环境意识不断提高，都有助于绿色建筑得到更广泛的发展。

发展绿色建筑是世界建筑业由黑色产业转向绿色可持续发展产业的重要途径。绿色建筑是可持续发展在建筑业中的具体体现，是世界建筑发展的趋势和方向，我们期望中国建筑界能转变观念，深入学习、研究绿色建筑的理论和技术，推动绿色建筑在中国的发展，尽快把中国建筑业转到绿色可持续发展的道路上，只有我们大力践行绿色建筑理念，切实全面实现建筑业的“绿色革命”，将建筑业的高能耗、高污染模式转到绿色发展的道路上，才能真正实现建筑业的可持续发展，达到人与自然和谐共生，进而推进我国的社会与经济发展进程。

地球是人类的家园，亿万年来与人类的发展形成相互影响的关系，对这一生存的环境至今人类仍在不断地认识和调整中。长时期的农耕历史中，人类与环境关系相对和谐，居住因地制宜，但随着人口数量的增长，特别是近代工业化、城市化的快速发展，对环境的负面影响不断显现，地球环境难以为继。据统计，人类从自然界所获得的 50% 以上的物质原料用来建造各类建筑及其附属设施。全球一半的固体垃圾由建筑物产生。中国每年开发 70 万公顷土地用来建建筑，许多森林和农田正被开发项目占用。整个欧洲所消耗的能源大约有一半用于建筑的运行，而这些能源主要来自日益减少的不可再生的能源，如石油。而且，石油转换成能源的过程中会产生非常严重的环境污染。建筑建造过程还会产生很多的建筑废弃物，俗称建筑垃圾，美国环保署对建筑废弃物定义为“在建筑物新建、扩建和拆毁过程中产生的废弃物质”。根据《城市建筑垃圾管理规定》，建筑废弃物是指建设单位、施工单位新建、改建、扩建和拆除各类建筑物、构筑物、管网等以及居民装饰装修房屋过程中所产生的弃土、弃料及其他废弃物。这些废弃物正严重污染着地球，给人类的健康造成巨大的威胁。处理建筑废弃物是全世界都面临的问题，尤其近30年来，随着我国建筑业和城市化的快速发展，城市建筑更新快速，每年新建筑的建筑面积约20亿平方米，建设的规模迅速扩大，建筑废弃物的产生和排放也高速增长。据报道，我国建筑的“寿命”不长，20世纪的80、90年代的房子寿命只有30年左右，而欧美国家的建筑寿命长达百年。相比之下，我国的建筑污染也就更为严重了。如今我们的房子拆迁越来越多，技术还是采用古老的办法，没有考虑到拆迁给环境造成的严重污染，据相关的报道，2005年后，我国建筑废弃物的排放量超过4亿吨/年，建筑废弃物的总量约占城市垃圾总量的30%—40%。总之中国已经成为每年新建建筑量最大的国家。要减少污染，就得增长建筑的寿命，打造百年建筑。

与建筑有关的污染类型还有很多：光污染、空气污染、热力污染等。目前我们国内大多数的建筑可能是为了美观或引人注目，建筑的外观都喜欢采用整体玻璃和折光性很强的材料。因此当遇到阳光时就会反射很强的光，影响到人们的视觉和生活，如给行车驾驶带来困难，甚至引起交通事故，给人们的生活造成了严重的影响。在建筑使用的过程中还会排放大量的温室气体，由于高层建筑集中还存在着“热岛效应”。我国是发展中国家，人口多，人均资源少，节约资源更为紧迫和重要。因此无论何时何地我们都要认识到节约能源资源的重要性和紧迫性，增强危机感和责任感，对于我们的建筑要坚持开发和节约并举。

1. 可持续能源规划

可持续能源规划的关键是保持能源利用效率和可再生能源使用间的动态平衡，使城市发展对不可再生能源的依赖降到最低。中国政府于2009年12月哥本哈根国际气候峰会上郑重承诺控制温室气体的排放，2020年单位GDP的碳排放量和2005年相比将下降40%—50%。

2. 携手共建绿色建筑

我们在新建建筑的过程中，不能单单计算经济成本，更要把注意力集中在生态成本和社会成本上。尽量不产生和少产生建筑污染。达到三个目标：

舒适健康的人居环境，最少消耗自然资源，最少影响外界环境。绿色建筑的核心是“平衡”。

达到这些目标需要法律的支持，需要建筑师的知识的更新及扩展，需要低消耗低污染的先进材料的支持，需要开发商和我们每个人环保意识的提高。

（1）法律层面，国家要健全有关法律，并保证在违反相关法律时相关的人员受到一定的严惩。目前，我们国家已经认识到了可持续发展的重要性。相继出台了《民用建筑节能管理条例》《绿色建造技术导则》《节水型生活用水器具》《全国绿色建筑创新奖管理办法》《全国绿色建筑创新奖》《夏热冬冷地区居住建筑节能设计标准》等文件。

（2）“地球环境和人类共生体系的监护者，即协调人”是建筑师的使命。中国是世界上发展最快的国家，建筑师在绿色建筑这个领域里承担着最重要的角色。联合国环境计划小组称没有一个领域如建筑行业这样蕴藏着巨大的减排可能。建筑师要不断地更新自己的知识，多多了解有关生态环境的知识和先进建筑材料的知识及新出台的相关法律法规。充分利用自然通风、太阳能等自然资源建设新建筑。为绿色建筑的发展走好重要的第一步，完成绿色建筑规划的使命。

（3）健全和推广低能耗的建筑材料体系。国际气候变化调查小组数据显示，运用当前低能耗的技术可以降低40%—70%和建筑有关的排放。因此我们可以加大对高新技术和应用技术的研发，特别是增长建筑的使用寿命。当研发出新的低能耗的技术时要大力推广使用，为减少污染提供重要的保证。

（4）开发商和居民等也要增强环保意识，开发商作为项目的主持者，其观念、行为、出发点和归宿点对能否打造绿色建筑起着关键性的作用。居民的生活几乎都在建筑里，建筑环境的好坏与居民健康密切相关。一般好的建筑材料污染性小。排放的气体也较少。因此在二次装修的时候要考虑到这些因素，提高生活质量。

（5）可持续发展是人类共同的选择。发展绿色建筑符合可持续发展的要求。中国城市化进程的路还很长，所涉及的问题非常多，需要在实践中不断地克服压力、迎接挑战。只有这样，才能满足我们现阶段发展的同时，为子孙后代预留足够的生存和发展空间。

综上研究，在21世纪无论是发达国家，还是发展中国家，可持续发展都是正确协调人口资源环境与经济共同发展的最佳战略。建筑活动是人类对自然资源环境影响最大的活动之一，因此在建筑领域中遵循可持续发展原则，将对人类实现可持续发展发挥极其重要的作用。推行绿色建筑理念是可持续发展理论的具体体现，发展绿色建筑是建筑业由高能耗、高污染型发展模式转向高效生态型发展模式的必由之路，也是当今世界建筑业发展的必然趋势，绿色建筑也是中国建筑业发展的长期目标，为更好地引导绿色建筑的发展，实现建筑产业的可持续发展，中国应在借鉴成功经验的基础上，开发建设适合自己国情的“绿色建筑”，达到可持续发展的理想模式。

由于绿色建筑在我们国家刚刚起步，还处于试点、发展的阶段，因此，目前我国在绿色建筑工作方面还存在许多问题。中国现行的法律法规对能源、土地、水资源、材料的节约还没有可操作的奖惩方法来强制各方利益主体必须积极参与，而建设部颁发的《民用建筑节能管理规定》作为一个部门规章，力度远远不够。发展节能与绿色建筑，还缺乏有效的行政监管体系，对节能与绿色建筑工作相关的行政管理职能尚未予以高度的重视、管理薄弱、个别地方甚至放任自流。发展节能与绿色建筑，缺乏行之有效的新技术、新材料、新配件和新的设计及管理模式的推广交流平台。

在西方发达国家，节能与绿色建筑已经有几十年的成功发展史，有的国家甚至已经取得经济发展和能耗持续下降的突出成就。及时、系统、广泛地引进它们的成功经验和技术，对引导我国刚起步的节能与绿色建筑的发展尤为重要，这对于我们少走弯路，加快节能与绿色建筑的新技术、新产品和管理经验的推广是很有帮助的。

四、绿色建筑基本理论与应用

（一）绿色建筑理论概念

绿色建筑是指最大限度地节约各种资源，保护环境和减少对环境的污染，为人们的生产生活提供健康、高效的使用空间，达到建筑与自然和谐共生。绿色建筑理论已经产生许久，得到了国家有关部门、专业人士的认可，并有了一定的发展。但是，该理论的发展却是一种被动的发展。环境破坏、能源短缺等迫使人们思考如何对待自然资源，而建筑是能源消耗主体。因此要倡导绿色建筑，用可持续发展的眼光看建筑，坚持绿色建筑理论的研究与实践，才可能达到建筑与自然和谐共处。

（二）绿色建筑应用

当今社会，节能减排在全世界成为一种潮流，世界各地都相当重视环境的保护工作。作为保护环境的特色工程绿色建筑也逐渐普及。在各地都有一些绿色建筑的实例。美国匹兹堡 CCI 中心就是其中一例。美国匹兹堡 CCI 中心是可持续发展计划的典型，建筑物坐落在匹兹堡老市区南部，是一座用旧楼改建的建筑。这里交通便利，社区服务设施齐全。该建筑现作为节约能源和资源、可回收利用能源和相关技术的展览之用。根据可持续发展原则，CCI 改建了原有三层楼的砖砌墙体结构和位于一层的石砌外围护结构，并确保改建过程中拆除的建筑物废料尽可能少，做到物尽其用。许多拆下的材料又重新使用于该建筑，或在本社区其他建筑中得到利用。拆下的砖石用来作围护结构的保温层，大多数围护结构的保温材料含有对环保有利的加气混凝土和密实的纤维板，做成热阻为 R24 的墙体，R38 和 R70 的吊顶和屋面系统。楼板和屋顶结构使用了农副产品制成的板材，即用麦草定向编束并制成结构保温板，成为美国第一座使用此种产品的公共建筑。此外，性能良好、易于开启的窗户有利于通风，也增加了室内舒适度。改造后的建筑内部，与旧有建筑有些相似，而且镀锡的吊顶被保留下来。清水墙面未加装饰，柠檬色油漆地板与淡色水基涂料涂刷的木框做成的非承重隔墙保持了原有风格。门窗的贴面也采用了重复使用的木料。室内的窗户则是用旧楼的可再次使用的窗框和窗棂镶以再次使用的玻璃做成的。改建后的楼体加用了外露的钢托梁，里面使用了旧料翻新做成的砖及可再生地毯。墙体结构最大限度地使用了再生材料。该建筑可有效使用能源，在自然光线下，内部空间清晰明亮，室内人员与窗户的距离最远不到 6.5 米，室内光线可用百叶窗调节。建筑物使用玻璃隔断和开敞式的办公室，使工作人员可凭窗眺望，没有任何障碍遮挡。流动空气可直接从周边的可调式窗户进入，通过中厅采光井与其他可调节式天窗流出，夏季几乎不需要机械制冷。通过通往屋顶平台、二楼阳台和地面花园的出入口，可使在户外活动和室内工作的人们均能够呼吸到新鲜空气。屋顶平台上的植物种植在循环使用的塑料大容器或小果汁容器中，可降解的遮阳设备亦由纯天然纤维及可再生木料制成。建筑的大部分供热和制冷由三台燃气装置完成，此装置配备有按程序自动调节的恒温阀，可容纳许多听众的大会议室由热辐射地板供暖，制冷通过强制空气流通装置完成。通风使用空调和与之相匹配的热回收装置进行。空气的流通则通过地板下的可调扩散器使新风进入新建筑的大部分区域。此建筑一部分电源由一个 2.2 千瓦的光电系统供给，该光电电池板排列在走廊和阳台屋顶上。微气候数据采集站用来采集风力和热工数据，以监测每天的太阳能收集情况。太阳能供给建筑物用电系统使用，在阴雨天或太阳能源不足时，才使用电力系统补充。动力、通信和数据系统通过在墙体内安设的柔性通道解决。节能型照明灯则采用荧光灯和电子镇流器。

采光使用多项旋钮装置，以与日光照明相配合，当建筑物不被全部使用时，使用者可在小范围内使用工作照明系统与天然采光相结合。虽然不是绝对的零能耗建筑，但也是绿色建筑中的翘楚。

由此案例可以得出，绿色建筑设计理念包括以下几个方面：

1. 节约能源

充分利用太阳能，采用节能的建筑围护结构，减少采暖和空调的使用。根据自然通风的原理设置风冷系统，使建筑能够有效地利用夏季的主导风向。建筑采用适应当地气候条件的平面形式及总体布局。

2. 节约资源

在建筑设计、建造和建筑材料的选择中，均考虑资源的合理使用和处置。要减少自然资源的使用，并力求使用可再生资源。节约水资源，包括绿化的节约用水。

3. 回归自然

绿色建筑外部要强调与周边环境相融合，和谐一致、动静互补，做到保护自然生态环境。

舒适和健康的生活环境：建筑内部不使用对人体有害的建筑材料和装修材料。室内空气清新，温、湿度适当，使居住者感觉良好，身心健康。

绿色建筑的建造特点包括：对建筑的地理条件有明确的要求，土壤中不存在有毒、有害物质，地温适宜，地下水纯净，地磁适中。

（三）绿色建筑

绿色建筑应尽量采用天然材料。建筑中采用的木材、树皮、竹材、石块、石灰、油漆等，要经过检验处理，确保对人体无害。

绿色建筑还要根据地理条件，设置太阳能采暖、热水、发电及风力发电装置，以充分利用环境提供的天然可再生能源。

随着全球气候的变暖，世界各国对建筑节能的关注程度正日益增加。人们越来越认识到，建筑使用能源所产生的 CO_2 是造成气候变暖的主要原因。节能建筑成为建筑发展的必然趋势，绿色建筑也应运而生。

（四）误区：绿化成本高

在楼盘销售以广告轰炸和概念炒作盛行的年代，“绿色建筑”也毫无例外地成为房地产商们朗朗上口的新词儿，以至于让人们误以为绿色建筑就是高档建筑。

绿色建筑的成本究竟怎样，是否会成为提高房价的因素，住房和城乡建设部原副部长仇保兴做出了回答：

在中国老百姓收入不太高的情况下，大家对房价和房屋成本是非常敏感的。仇保兴说，我们引进绿色建筑标准和技术时，就充分考虑了这些问题，规定绿色建筑所采用的技术、产品和设施，成本要低，要对整个房地产的价格影响不大。值得一提的是，一旦应用了这些技术和设备后，投资回报率是很高的，因为住户可以最大限度地减少电费、水费和其他能源费的开支，没多久就可以把成本收回来。比如，德国一家公司援助的一项建筑节能改造项目，政府给每户出 3000 元钱，住户自己出 2000 元钱，国外援助 2000 元，总共一户投资 7000 元钱，对建筑进行了从外保温到供热、玻璃、门、天花板和水循环系统的全面改造。改造后，住户一年所减少的开支就达到 3000 元以上，周边的许多老百姓也要求应用这些技术。

仇保兴说，并不是现代化的、高科技的就是绿色的，要突破这样的认识误区。把绿色建筑和建筑节能的发展道路定位在高端、贵族化，不会取得成功。事实证明把发展道路确定为中国式、普通老百姓式、适用技术式，绿色建筑才能健康发展。以前的智能化就走过弯路，许多智能建筑，停留在保安、音响控制等方面，线路搞得非常复杂，造价也非常高，甚至耗电量居高不下，这不是智能建筑应有的发展道路。信息时代，智能化应该是多用信息，少用能源。有些地方推行智能开关，用手机就可以控制家里的能源开关，冬天走的时候，就把供热开关关掉，下班之前半个小时，手机一按，就能启动供热开关，这样回到家里时，屋里已经暖洋洋的。主人在外边工作的时候，家中不供热，能省 1/3 的能源。

仇保兴坦言，因为绿色建筑的标识不明确，人人都可以滥用，“绿色建筑”也就成为一些房地产开发商提高房价的欺骗性概念。应大力推广绿色建筑的标识，通过对建筑的节能、节水、节地、节材和室内环境的具体性能进行实测，给出数据，规定对生态环境的保障原则。把绿色建筑从一个简单的概念变成定量化的检测标准，对达到标准的给予绿色建筑的标识，这样伪绿色就会现原形，最终会退出房地产市场。

（五）绿色新建筑

“中国新建建筑节能工作做得较好，基本遵循了绿色建筑的标准。但把大量既有建筑改造成绿色建筑的工作推进得不是很顺利，许多既有建筑仍是耗能大户。”业内专家提出了这样一个问题（如图–1）。

图 5–1　绿色建筑

据建设部统计，新建建筑在设计阶段强制性节能标准的执行率由 2005 年的 53% 提高到了 2007 年的 97%；施工阶段强制性节能标准的执行率由 2005 年的 21% 提高到了 2007 年的 71%，总共每年可节约 700 万吨标准煤。未来的 30 年之内，我们还要新建 400 多亿平方米的建筑，在现行建筑管理体系中，达不到绿色建筑标准就不得开工，所以新建建筑的节能只是执行问题，难度并不是很大。难度在于中国既有的 400 亿平方米建筑的节能改造，让既有建筑成为绿色建筑。

据仇保兴介绍，既有建筑从楼上到楼下都是一条管道供热，是串联式的，每一户装一只计热表，不可行。供热技术上已经有所突破，引进欧洲的先进技术，在每个散热片上装一个计量表，成本低，非常适合中国的计量改造。这使得供热也像供水、供电一样，是严格计量的，是可以调控的。据估算，在北方地区，如果房间里供热是可以调节的，不用开窗，就可以节约 15% 的能耗；如果是可计量的，主人出差或者上班时把暖气关掉，回来以后再开，就可以节约30%的能耗。30%的能耗意味着北京市每年冬季采暖节省500万吨煤，就相当于减排1000万吨的二氧化碳气体。这是一个巨大的数字，也是一个艰巨的节能减排目标，需要加快推进城镇供热体制改革。

（六）节能看政府

每台电器设备在待机状态下耗电一般为其开机时的10%左右；一盏11瓦的节能灯相当于60瓦的白炽灯亮度；选用电子镇流器，较传统镇流器省电30%；变频式空调较常规的非变频空调节能20%至30%。

仇保兴表示，最新规定，凡是财政投资的项目，都必须达到建筑节能的最低标准，一定要应用建筑节能的标识；廉租房和经济适用房，不管哪个公司或机构建造，都必须是节能的绿色建筑，这需要政府去实施，也需要广大市民关心监督。仇保兴说，建筑节能和绿色建筑，不能只停留在专家、政府官员和一些大企业、大城市，应进入寻常百姓家。要让老百姓知道什么是绿色建筑，不是有鲜花绿草、喷泉水池、绿化得好的楼盘就是“绿色建筑”。如果老百姓都能关注到建筑节能和绿色建筑，都注意到房屋的能耗、材料、二氧化碳气体的减排，那么大家的共识就会形成绿色建筑的市场需求。有了市场需求，建筑节能和绿色建筑才能在全社会广泛地推广应用。

1. 低碳建筑需要因地制宜

应当把握因地制宜的灵魂，走适合国情的低碳之路，离开这一点，其他都免谈。穷人和富人，有各自的幸福，但是穷人不能拿富人的办法来打造自己的幸福。通过自然通风、采光、围护结构，把墙和保温层加厚，让外面的冷空气进不来，里面的热量出不去，这样就能减少室内能耗。其中，玻璃窗的传热系数很高，是一个关键环节。因此要做多层多空腔窗，外层还可以涂低辐射膜，将太阳辐射热量反射出去。

2. 中国低碳模式应当如何发展？

中国建筑学会建筑技术专业委员会主任、清华大学建筑学院教授栗德祥：目前有一种倾向，就是你用什么我也用什么。技术是没有高低的，只要适合当地，就是实用技术，就会有地方特征，可以避免千城一面。另外要解决室内环境控制问题。根据不同地区、不同要求，在建筑物剖面设计上有所考虑，做到有利于采光、通风。建筑设计师要成为绿色建筑设计的主导，有些建筑师认为，绿色建筑应该由负责暖通的人员去设计，这显然是错误的，只有和暖通人员配合，要求他们提高空调设备的利用率，才能形成一个比较高效的结果。

3. 绿色建筑的尺度体现在哪里?

一个城市要有活力、魅力，就需要绿色建筑和乡土建筑结合。活力通常表现在消费上，商业要发达，文化休闲要充分。城市的魅力取决于城市的轮廓线有没有秩序，以及尺度是不是宜人、亲切。人们的视角大多集中于建筑的地面两层。如果一定要建造高层，应该用行道树遮挡一下，这样城市才有魅力。当然，城市魅力要看历史文化的沉淀是否丰厚，以及自然景观是否优美。有了活力和魅力，人才会聚集，否则城市就是空城、死城，使用效率低，变成高碳城市。所以说高效也是低碳。

第二节　绿色施工技术

绿色施工技术是指在工程建设中,在保证质量和安全等基本要求的前提下，通过科学管理和技术进步，最大限度地节约资源，减少对环境产生负面影响的施工活动，绿色施工是可持续发展思想在工程施工中的具体应用和体现。首先绿色施工技术并不是独立于传统施工技术的全新技术，而是对传统施工技术的改进，是符合可持续发展的施工技术，其最大限度地节约资源并减少对环境产生负面的影响，使施工过程真正做到“四节一环保”，对于促使环境友好、提升建筑业整体水平具有重要意义。

绿色施工技术是以《建筑业 10 项新技术》（2005）中第七章《建筑节能技术》为基础编写的，因此保留了节能型围护结构应用技术、新型墙体材料应用技术及施工技术、节能型门窗应用技术、供热采暖系统温控与热计量技术、预拌砂浆技术等部分内容，技术指标有更新，同时又增加了部分内容。

一是以水、太阳能等自然资源为主线，使建筑物在发挥其使用功能的同时融入自然，充分利用自然界给予我们的资源，以减少对环境的污染，使人与自然和谐相处，从而体现绿色主题。

二是考虑到基坑施工中地下水的浪费在全国是巨大的,施工过程废水的回收利用和雨水利用技术是增加成本少，容易实现的技术，重点提出封闭降水技术和施工过程废水和雨水回收利用技术。

绿色施工技术主要项目：

1. 基坑施工封闭降水技术；
2. 施工过程水回收利用技术；
3. 预拌砂浆技术；
4. 外墙外保温体系施工技术；
5. 外墙自保温体系和工业废渣及（空心）砌块应用技术；
6. 铝合金窗断桥技术；
7. 太阳能与建筑一体化应用技术；
8. 供热计量技术；
9. 建筑外遮阳技术；
10. 植生混凝土；
11. 透水混凝土。

一、基坑施工封闭降水技术

（一）主要技术内容

基坑施工封闭降水技术是指采用基坑侧壁帷幕或基坑侧壁帷幕＋基坑底封底的截水措施，阻截基坑侧壁及基坑底面的地下水流入基坑，同时采用降水措施抽取或引渗基坑开挖范围内的现存地下水的降水方法。

在我国南方沿海地区宜采用地下连续墙或护坡桩＋搅拌桩止水帷幕的地下水封闭措施。北方内陆地区宜采用护坡桩＋旋喷桩止水帷幕的地下水封闭措施。河流阶地地区宜采用双排或三排搅拌桩对基坑进行封闭，同时兼做支护的地下水封闭措施。

（二）技术指标

1. 封闭深度

宜采用悬挂式竖向截水和水平封底相结合，在没有水平封底措施的情况下要求侧壁帷幕（连续墙、搅拌桩、旋喷桩等）插入基坑下卧不透水土层一定深度，深度情况应满足下式计算：

$$L=0.2h_w-0.5b$$

式中：L —— 帷幕插入不透水层的深度；

h_w —— 作用水头；

b —— 帷幕厚度。

2. 截水帷幕厚度

满足抗渗要求，渗透系数宜小于 1.0×10^{-6}cm/s。

3. 基坑内井深度

可采用疏干井和降水井，若采用降水井，井深度不宜超过截水帷幕深度；若采用疏干井，井深应插入下层强透水层。

4. 结构安全性

截水帷幕必须在有安全的基坑支护措施下配合使用（如注浆法），或者帷幕本身经计算能同时满足基坑支护的要求（如地下连续墙）。

（三）适用范围

本技术适用于有地下水存在的所有非岩石地层的基坑工程。

（四）已应用的典型工程

天津地区中钢天津响锣湾项目、北京地区朔黄大厦工程、北京协和医院门诊楼及手术科室楼工程、太原名都工程、深圳地铁益田站、广州地铁越秀公园站基坑工程、河北曹妃甸首钢炼钢区地下管廊工程。

二、施工过程水回收利用技术

（一）基坑施工降水回收利用技术

1. 主要技术内容

基坑施工降水回收利用技术，一般包含两种技术：一是利用自渗效果将上层滞水引渗至下层潜水层中，可使大部分水资源重新回灌至地下的回收利用技术；一是将降水所抽水体集中存放，用于生活用水中洗漱、冲刷厕所及现场洒水控制扬尘，经过处理或水质达到要求的水体可用于结构养护用水、基坑支护用水，如土钉墙支护用水、土钉孔灌注水泥浆液用水，以及混凝土试块养护用水、现场砌筑抹灰施工用水等的回收利用技术。

2. 技术指标

（1）基坑涌水量

$$Q_0=\frac{1.336K_I(2H-S)S}{\lg R_0/r_0}$$

式中：Q_0——坑涌水量（m^3/d），按照最不利条件下的计算最大流量；

K——含水层渗透系数（m/d）；

H——含水层厚度（m）；

S——降深（m）；

R_0——影响半径（m），$R_0 = 2S\sqrt{HK}$；

r_0——基坑换算半径（m）。

（2）降水井出水能力

$$q_0 = \frac{l_1 d}{a'} \times 24$$

式中：q_0——单井渗水量

l_1——进水管高度（m）；

d——进水管直径（m）；

a’——与含水层渗透系数有关经验系数（经验系数取值范围30—130）。

（3）现场生活用水量

$$q_1 = p_1 n_1 k_2$$

式中：q_1——现场生活用水量（m^3/d）；

p_1——生活区居民人数；

n_1——生活区昼夜生活用水定额（m^3/人·d）；

k_2——生活区用水不均衡系数；取2.5。

（4）现场洒水控制扬尘用水量

$$q_2 = k_3 st$$

式中：q_2——现场洒水控制扬尘用水量

k_3——用水定量；

s——施工现场洒水控制扬尘面积（km^2）；

t——每天洒水次数。

（5）施工砌筑抹灰用水量为

$$q_3 = K_4 \sum \frac{Q_i N_i}{T_1 t} K_5$$

式中：q_3——施工砌筑抹灰用水量（m^3/d）；

k_4——未预计的施工用水系数；取1.15；

k_5——用水不均衡系数；取1.5；

Q_i——每天施工工程量；

N_i—— 每 m^3 砖砌体耗水量

每 m^2 抹灰耗水量（0.01—0.015m^3）。

（6）基坑降水回收利用率为

$$R = K_6 \frac{Q_1 + q_1 + q_2 + q_3}{Q_0} \times 100\%$$

式中，Q_1—— 回灌至地下的水量（根据地质情况及试验确定）；

K_6—— 损失系数；取 0.85—0.95。

3. 适用范围

适用于地下水较浅的地区。

4. 已应用的典型工程

清华大学环境能源楼工程、威盛大厦工程、中关村金融中心等。

（二）雨水回收利用技术与现场生产废水利用技术

1. 主要技术内容

（1）雨水回收利用技术是指在施工过程中将雨收集后，经过雨水渗蓄、沉淀等处理，集中存放，用于施工现场降尘、绿化和洗车，经过处理的水体可用于结构养护用水、基坑支护用水，如土钉墙支护用水、土钉孔灌注水泥浆液用水，以及混凝土试块养护用水、现场砌筑抹灰施工用水等的回收利用技术。

（2）现场生产废水利用技术是指将施工生产、生活废水经过过滤、沉淀等处理后循环利用的技术。

2. 技术指标

施工现场用水应有 20% 来源于雨水和生产废水等回收。

3. 适用范围

适应用于工业与民用建筑的施工工程。

4. 已应用的典型工程

北京市西城区月坛街道汽南社区、怀柔龙山新小镇别墅区。

三、预拌砂浆技术

（一）主要技术内容

预拌砂浆是指由专业生产厂生产的，用于建设工程中的各类砂浆拌合物，预拌砂浆分为干拌砂浆和湿拌砂浆两种。

湿拌砂浆是指由水泥、细骨料、矿物掺合料、外加剂和水以及根据性能确定的其他组分，按一定比例，在搅拌站经计量、拌制后，运至使用地点，并在规定时间内使用完毕的拌合物。

干拌砂浆是指由水泥、干燥骨料或粉料、添加剂以及根据性能确定的其他组分，按一定比例，在专业生产厂经计量、混合而成的混合物，在使用地点按规定比例加水或配套组分拌和使用。

（二）技术指标

预拌砂浆应符合《预拌砂浆》JG/T230-2007 等国家现行相关标准和应用技术规程的规定。

（三）适用范围

适用于需要应用砂浆的工业与民用建筑。

（四）已应用的典型工程

广州国际金融中心（珠江新城西塔）、广州市新电视塔、武汉摩尔城等工程。

四、外墙自保温体系施工技术

（一）主要技术内容

墙体自保温体系是指以蒸压加气混凝土、陶粒增强加气砌块和硅藻土保温砌块（砖）等制成的蒸压粉煤灰砖、蒸压加气混凝土砌块和陶粒砌块等为墙体材料，辅以节点保温构造措施的自保温体系。可满足夏热冬冷地区和夏热冬暖地区节能 50% 的设计标准。

（二）技术指标

其他技术性能参见《蒸压加气混凝土砌块》GB/T11968-2020 和《蒸压加气混凝土建筑应用技术规程》JGJ/T17-2008 的标准要求。

表 5–3　轻质保温墙体材料自保温体系技术要求

项　目		指　标
干体积密度（kg/m³）		475—825
抗压强度（MPa）	B05 级	3.5
	B06 级	5.0
	B07 级	5.0
	B08 级	7.5
导热系数（w/m · k）		0.12—0.2
体积吸水率（%）		15—25

（三）适用范围

适用范围为夏热冬冷地区和夏热冬暖地区外墙、内隔墙和分户墙。适用于高层建筑的填充墙和低层建筑的承重墙。

（四）已应用的典型工程

广州发展中心大厦、广州凯旋会、北京丰台的世嘉丽晶小区、中国建筑文化中心、科技部节能示范楼、京东方生活配套楼等。

第六章　常用建筑材料检验与评定

第一节　水泥

一、水泥概述

水泥是由石灰质原料、黏土质原料与少量校正原料，破碎后按比例配合、磨细并调配成为合适的生料，经高温煅烧至部分熔融制成熟料，再加入适量的调凝剂（石膏）、混合材料共同磨细而成的一种既能在空气中硬化又能在水中硬化的无机水硬性胶凝材料。

（一）水泥的种类

水泥按其矿物组成可分为硅酸盐水泥、铝酸盐水泥、硫铝酸盐水泥、少熟料水泥、无熟料水泥。

水泥按其用途和性能可分为通用水泥、专用水泥和特性水泥。

通用水泥主要是指硅酸盐水泥、普通硅酸盐水泥、矿渣硅酸盐水泥、火山灰质硅酸盐水泥、粉煤灰硅酸盐水泥和复合硅酸盐水泥。

专用水泥是有专门用途的水泥，主要有砌筑水泥、油井水泥、道路水泥、耐酸水泥、耐碱水泥。

特性水泥是某种性能比较突出的水泥，主要有低热矿渣硅酸盐水泥、膨胀硫铝酸盐水泥、磷铝酸盐水泥和磷酸盐水泥等。

1. 硅酸盐水泥

凡由硅酸盐水泥熟料、0—5% 的石灰石或粒化高炉矿渣、适量石膏磨细制成的水硬性胶凝材料，称为硅酸盐水泥，即国外的波特兰水泥，分为不掺混合材料 P · I 和掺不超过 5% 混合材料 P · Ⅱ。

2. 普通硅酸盐水泥

凡由硅酸盐水泥熟料和6%—15%混合料、适量石膏磨细制成的水硬性胶凝材料，即为普通硅酸盐水泥，简称普通水泥，代号为P·O。

3. 矿渣硅酸盐水泥

凡由硅酸盐水泥熟料和粒化高炉矿渣、适量石膏磨细制成的水硬性胶凝材料，即为矿渣硅酸盐水泥，简称矿渣水泥，代号为P·S。

4. 火山灰质硅酸盐水泥

凡由硅酸盐水泥熟料和火山灰质混合料、适量石膏磨细制成的水硬性胶凝材料，即为火山灰质硅酸盐水泥，简称火山灰质水泥，代号为P·P。

5. 粉煤灰硅酸盐水泥

凡由硅酸盐水泥熟料和粉煤灰、适量石膏磨细制成的水硬性胶凝材料，即为矿渣硅酸盐水泥，简称粉煤灰水泥，代号为P·F。

6. 复合硅酸盐水泥

凡由硅酸盐水泥熟料、两种或两种以上规定的混合材料、适量石膏磨细制成的水硬性胶凝材料，称为复合硅酸盐水泥，简称复合水泥，代号为P·C。

（二）通用水泥的技术要求

1. 不溶物

Ⅰ型硅酸盐水泥中不溶物不得大于0.75%。

Ⅱ型硅酸盐水泥中不溶物不得大于1.50%。

2. 烧失量

Ⅰ型硅酸盐水泥中烧失量不得大于3.0%。

Ⅱ型硅酸盐水泥中烧失量不得大于3.5%。

普通水泥中烧失量不得大于5.0%。

3. 氧化镁

水泥中氧化镁的含量不宜超过5.0%。如果水泥经压蒸安定性试验合格，则水泥中氧化镁的含量允许放宽到6.0%。

4. 三氧化硫

硅酸盐水泥、普通水泥、火山灰质水泥、粉煤灰水泥和复合水泥中三氧化硫的含量不得超过3.5%；矿渣水泥中三氧化硫的含量不得超过4.0%。

5. 细度

硅酸盐水泥的细度以比表面积表示，不小于300m²/kg；普通水泥、矿渣水泥、火山灰质水泥、粉煤灰水泥和复合水泥以筛余表示，80 μ m 方孔筛筛余不大于 10% 或 45 μ m 方孔筛筛余不大于 30%。

6. 凝结时间

硅酸盐水泥初凝不小于 45min，终凝不大于 390min；普通水泥、矿渣水泥、火山灰质水泥、粉煤灰水泥和复合水泥初凝不小于 45min，终凝不大于 600min。

7. 安定性

用沸煮法检测必须合格。

8. 强度

水泥强度等级按规定龄期的抗压强度和抗折强度来划分，各强度等级水泥的各龄期强度不得低于表 6-1 中的数值。

表 6-1　水泥各龄期强度

品种	强度等级	抗压强度 /MPa		抗折强度 /MPa	
		3d	28d	3d	28d
硅酸盐水泥	42.5	17.0	42.5	3.5	6.5
	42.5R	22.0	42.5	4.0	6.5
	52.5	23.0	52.5	4.0	7.0
	52.5R	27.0	52.5	5.0	7.0
	62.5	28.0	62.5	5.0	8.0
	62.5R	32.0	62.5	5.5	8.0
普通水泥	32.5	11.0	32.5	2.5	5.5
	32.5R	16.0	32.5	3.5	5.5
	42.5	16.0	42.5	3.5	6.5
	42.5R	21.0	42.5	4.0	6.5
	62.5	22.0	62.5	4.0	7.0
	62.5R	26.0	62.5	5.0	7.0
矿渣水泥 火山灰质水泥 粉煤灰水泥	32.5	10.0	32.5	2.5	5.5
	32.5R	15.0	32.5	3.5	5.5
	42.5	15.0	42.5	3.5	6.5
	42.5R	19.0	42.5	4.0	6.5
	62.5	21.0	62.5	4.0	7.0
	62.5R	23.0	62.5	4.5	7.0
复合水泥	32.5	11.0	32.5	2.5	5.5
	32.5R	16.0	32.5	3.5	5.5
	42.5	16.0	42.5	3.5	6.5
	42.5R	21.0	42.5	4.0	6.5
	62.5	22.0	62.5	4.0	7.0
	62.5R	26.0	62.5	5.0	7.0

9. 废品与不合格品

废品：氧化镁、三氧化硫、初凝时间、安定性任一项不符合标准规定。

不合格品：细度、终凝时间、不溶物和烧失量中任一项不符合标准规定或混合材料掺假量超过最低限度和强度低于商品强度等级的指标。水泥包装标志中水泥品种、强度等级、生产者名称和出厂编号不全。

二、水泥的取样方法

（一）取样送样规则

首先，要掌握所购买的水泥的生产厂是否具有产品生产许可证。

水泥委托检验样必须以每一个出厂水泥编号为一个取样单位,不得有两个以上的出厂编号混合取样。

水泥试样必须在同一编号不同部位处等量采集，取样点至少在 20 个以上，经混合均匀后用防潮容器包装，重量不少于 12kg。

委托单位必须逐项填写检验委托单，如水泥生产厂名、商标、水泥品种、强度等级、出厂编号或出厂日期、工程名称、全套物理检验项目等。用于装饰的水泥应进行安定性的检验。

水泥出厂日期超过三个月应在使用前作复检。

进口水泥一律按上述要求进行。

（二）取样单位及样品总量

水泥出厂前需按标准规定进行编号，每一编号为一取样单位。施工现场取样，应以同一水泥厂、同品种、同强度等级、同期到达的同一编号水泥为一个取样单位。取样应有代表性，可连续取，也可从 20 个以上不同部位取等量样品，总量至少 12kg。

（三）编号与取样

水泥出厂前按同品种、同强度等级编号和取样。袋装水泥和散装水泥应分别进行编号和取样。每一编号为一取样单位。水泥出厂编号按水泥厂年生产能力规定，即：

（1）120 万 t 以上，不超过 1200t 为一编号；

（2）60 万 t 以上至 120 万 t，不超过 1000t 为一编号；

（3）30 万 t 以上至 60 万 t，不超过 600t 为一编号；

（4）10 万 t 以上至 30 万 t，不超过 400t 为一编号；

（5）10 万 t 以下，不超过 200t 为一编号。

取样方法按《水泥取样方法》的规定进行。当散装水泥运输工具的容量超过该厂规定出厂编号吨数时，允许该编号的数量超过取样规定吨数。

（四）袋装水泥取样

采用取样管取样。随机选择 20 个以上不同的部位，将取样管插入水泥适当深度，用大拇指按住气孔，小心抽出取样管。将所取样品放入洁净、干燥、不易受污染的容器中。

（五）散装水泥取样

当所取水泥深度不超过 2 米时，采用管状取样器取样。通过转动取样器内管控制开关，在适当位置插入水泥一定深度，关闭后小心抽出。将所取样品放入洁净、干燥、不易受污染的容器中。

（六）交货与验货

交货时水泥的质量验收可抽取实物试样以其检验结果为依据，也可以水泥厂同编号水泥的检验报告为依据。采取何种方法验收由买卖双方商定，并在合同或协议中说明。

以抽取实物试样的检验结果为依据时，买卖双方应在发货前或交货地共同取样和签封。取样方法按《水泥取样方法》进行，取样数量为 20kg，分为二等份。一份由卖方保存 40 天，一份由买方按规定的项目和方法进行检验。

在 40 天以内，买方检验认为产品质量不符合标准要求，而卖方又有异议时，则双方应将卖方保存的另一份试样送省级或省级以上国家认可的水泥质量监督检验机构进行仲裁检验。

以水泥厂同编号水泥的检验报告为验收依据时，在发货前或交货时买方在同编号水泥中抽取试样，双方共同签封后保存三个月；或委托卖方在同编号水泥中抽取试样，签封后保存三个月。

在三个月内，买方对水泥质量有疑问时，则买卖双方应将签封的试样送省级或省级以上国家认可的水泥质量监督检验机构进行仲裁检验。

（七）运输与储存

水泥在运输与储存时不得受潮和混入杂物，不同品种和强度等级的水泥应分别储运，不得混杂。

三、结果判定与处理

通用水泥的合格判定应满足通用水泥的技术要求；废品水泥必须淘汰，不得应用于建筑工程；不合格品水泥应依据具体情况，可适当用于建筑工程的次要部位。

第二节 粗集料

一、粗集料概述

在混凝土中，砂、石起骨架作用，称为骨料或集料，其中粒径大于 5 毫米的集料称为粗集料。普通混凝土常用的粗集料有碎石及卵石两种。碎石是由天然岩石、卵石或矿山废石经机械破碎、筛分制成，粒径大于 5 毫米的岩石颗粒。卵石是由自然风化、水流搬运和分选、堆积而成的、粒径大于 5 毫米的岩石颗粒。

由于集料在混凝土中占有大部分的体积，所以混凝土的体积主要是由集料的真密度所支配，设计混凝土配合比需了解的密度是指包括非贯穿毛细孔在内的集料单位体积的质量。这一概念与物体的真密度不同，这样的密度称为表观密度，集料的表观密度在计算体积时包括内部集料颗粒的空隙，因此，越是多孔材料其表观密度越小，集料的强度越低，稳定性越差。集料在自然堆积状态下的密度称为堆积密度，其反映自然状态下的空隙率，堆积密度越大，需要水泥填充的空隙就越少；堆积密度越小即集料的颗粒级配越差，需要填充空隙的水泥浆就越多，混凝土拌合物的和易性就越不易得到保证。

二、粗集料的技术要求

（一）颗粒级配

颗粒级配又称粒度级配。指由不同粒度组成的散状物料中各级粒度所占的数量。常以占总量的百分数来表示，有连续级配和单粒级配两种。连续级配是石子的粒径从大到小连续分级，每一级都占适当的比例。连续级配的颗粒大小搭配合理，用其配制的混凝土拌合物工作性好，不易发生离析，在工程中应用较多。但其缺点是，当最大粒径较大（大于 40 毫米）时，天然形成的连续级配往往与理论最佳值有偏差，且在运输、堆放过程中易发生离析，影响级配的均匀合理性。单粒级配是石子粒级不连续，人为剔去某些中间粒级的颗粒而形成的级配方式。单粒级配能更有效降低石子颗粒之间的空隙率，最大程度节约水泥，但由于粒径相差较大，故拌和混凝土易发生离析，单粒级配需按设计进行掺配。

粗集料中公称粒级的上限称为最大粒径。当集料粒径增大时，其比表面积减小，混凝土的水泥用量也减少，故在满足技术要求的前提下，粗集料的最大粒径应尽量选大一些。在钢筋混凝土工程中，粗集料的粒径不得大于混凝土结构截面最小尺寸的 1/4，并不得大于钢筋最小净距的 3/4。对于混凝土实心板，其最大粒径不宜大于板厚的 1/3，并不得超过 40 毫米。泵送混凝土用的碎石，不应大于输送管内径的 1/3，卵石不应大于输送管内径的 2/5。

（二）针、片状颗粒含量

卵石和碎石颗粒的长度大于该颗粒所属相应粒级的平均粒径 2.4 倍者，为针状颗粒；厚度小于平均粒径 0.4 倍者，为片状颗粒。粗集料中针、片状颗粒过多，会使混凝土的和易性变差，强度降低，故粗集料的针、片状颗粒含量应控制在一定范围内。卵石和碎石的针、片状颗粒含量应符合表 6-2 的规定。

表 6-2　针、片状颗粒含量

混凝土强度	≥ C30	C25—C15
针、片状颗粒含量（按质量计）/%	≤ 15	≤ 25

（三）含泥量

含泥量是指粒径小于 0.080 毫米的颗粒含量。碎石或卵石的含泥量应分别符合表 6-3 的规定。

表 6-3　碎石或卵石中的含泥量

混凝土强度等级	≥ C60	C55—C30	≤ C25
含泥量(按质量计)/%	≤ 0.5	≤ 1.0	≤ 2.0

对于有抗冻、抗渗或其他特殊要求的混凝土，其含泥量不应大于 1.0%；等于或小于 C10 等级的混凝土含泥量可放宽到 2.5%。

（四）泥块含量

泥块含量是指集料中粒径大于 5 毫米，经水洗、手捏后变成小于 2.5 毫米的颗粒的含量。

碎石或卵石的泥块含量应符合表 6-4 的规定。

表 6-4　碎石或卵石中的泥块含量

混凝土强度等级	≥ C60	C55—C30	≤ C25
泥块含量（按质量计）/%	≤ 0.5	≤ 1.0	≤ 2.0

对于有抗冻、抗渗或其他特殊要求的混凝土，其泥块含量不应大于 0.5%；小于或等于 C10 等级的混凝土，泥块含量可放宽到 2.5%。

（五）压碎指标值

压碎指标值是指碎石或卵石抵抗压碎的能力。碎石或卵石的压碎指标值应符合表 6-5、表 6-6 的规定。

表 6-5　碎石的压碎指标值

岩石品种	混凝土强度等级	碎石压碎值指标 /%
水成岩	C55—C40 ≤ C35	≤ 10 ≤ 16
变质岩或深成的火成岩	C55—C40 ≤ C35	≤ 12 ≤ 20
喷出的火成岩	C55—C40 ≤ C35	≤ 13 ≤ 30

表 6-6　卵石的压碎指标值

混凝土强度等级	C55—C40	≤ C35
压碎指标值 /%	≤ 12	≤ 16

混凝土强度等级大于或等于 C60 时，应进行岩石抗压强度检验，其他情况下如有怀疑或认为有必要时，也可以进行岩石的抗压强度检验。岩石的抗压强度与混凝土强度等级之比不应小于 1.5，且火成岩强度不宜低于 80MPa，变质岩不宜低于 60MPa，水成岩不宜低于 30MPa。

（六）坚固性指标

坚固性是指碎石或卵石在气候、环境变化或其他物理因素作用下抵抗碎裂的能力。碎石或卵石的坚固性指标应符合表 6-7 的规定。

表 6-7 碎石或卵石的坚固性指标

混凝土所处的环境条件及其性能要求	5 次循环后的质量损失 /%
在严寒及寒冷地区室外使用，并经常处于潮湿或干湿交替状态下的混凝土，有腐蚀性介质作用或经常处于水位变化区的地下结构或有抗疲劳、耐磨、抗冲击等要求的混凝土	≤ 8
在其他条件下使用的混凝土	≤ 12

有腐蚀性介质作用或经常处于水位变化区的地下结构或有抗疲劳、耐磨、抗冲击等要求的混凝土用碎石或卵石，其质量损失不应大于 8%。

（七）有害物质含量

碎石或卵石的硫化物和硫酸盐含量以及卵石中有机质等有害物质含量应符合表 6-8 的规定。

表 6-8　碎石或卵石中的有害物质含量

项目	质量要求	项目	质量要求
硫化物及硫酸盐含量（折算后，按质量计）/%	≤ 1.0	卵石中有机质含量（用比色法试验）	颜色不应深于标准色，深于时应配制成混凝土进行强度对比试验，抗压强度比不应小于 0.95

如发现有颗粒状硫酸盐或硫化物杂质的碎石或卵石，则要求进行专门检验，确认能满足混凝土耐久性要求时方可采用。

（八）碱活性粗集料

碱活性粗集料是指能与水泥或混凝土中的碱发生化学反应的集料。重要工程的粗集料应进行碱活性检验。

三、粗集料的取样及选用

（一）取样

使用大型工具（如火车、货船或汽车）运输的，以 400 立方米或 600t 为一验收批，使用小型工具运输的（如马车）以 200 立方米或 300t 为一验收批，不足上述数量者仍为一验收批。

在料堆上取样时，取样部位应均匀分布。取样前先将取样部位表层铲除，然后从不同部位抽取大致等量的石子 15 份（顶部、中部和底部各有均匀分布的五个不同部位），组成一组样品。

从皮带运输机上取样时，应用接料器在皮带运输机机尾的出料处定时抽取大致等量的石子 8 份，组成一组样品。

从火车、汽车、货船上取样时，从不同部位和深度抽取大致等量的石子 16 份，组成一组样品。

若检验不合格，应重新取样。对不合格项，进行加倍复验。若仍有一个试样不能满足标准要求，应按不合格品处理。

（二）选用

粗集料最大粒径应符合下列要求：

(1) 不得大于混凝土结构截面最小尺寸的 1/4，并不得大于钢筋最小净距的 3/4；

(2) 对于混凝土实心板，其最大粒径不宜大于板厚的 1/3，并不得超过 40 毫米；

(3) 泵送混凝土用的碎石，不应大于输送管内径的 1/3，卵石不应大于输送管内径的 2/5。

四、粗集料的检验与判定

（一）检测项目

对于石子，每一验收批应检测其颗粒级配、含泥量、泥块含量、针片状颗粒含量、压碎指标、表观密度、堆积密度等。对于重要工程的混凝土所使用的碎石和卵石，应进行碱活性检验或应根据需要增加检测项目。

（二）工程现场粗集料的检验

见证送检必须逐项填写检验委托单中的各项内容，如委托单位、建设单位、工程名称、工程部位、见证单位、见证人、送样人、集料品种、规格、产地、进场日期、代表数量、检验项目、执行标准等。

（三）粗集料的判定

粗集料的判定应满足粗集料的技术要求，若不能满足要求，可以进行复验。若仍有一个试样不能满足标准要求，应按不合格品处理。

第三节　细集料

细集料（砂）是指在自然或人工作用下形成的粒径小于 5 毫米的颗粒，也称为普通砂。砂按来源分为天然砂、人工砂、混合砂。天然砂是由自然条件作用而形成的，按其产源不同，可分为河砂、海砂、山砂。人工砂是岩石经除土开采、机械破碎、筛分而成的。混合砂是由天然砂与人工砂按一定比例组合而成的砂。

一、砂的技术指标

（一）细度模数

砂的粗细程度按细度模数可分为粗、中、细三级，其范围应符合下列要求，粗砂：3.7—3.1；中砂：3.0—2.3；细砂：2.2—1.6。

（二）颗粒级配

砂的颗粒级配是表示砂大小颗粒的搭配情况。在混凝土中砂之间的空隙是由水泥浆填充，为达到节约水泥提高强度的目的，就应尽量减小砂颗粒之间的空隙，因此，就要求砂要有较好的颗粒级配。

砂的颗粒级配区划分，除特细砂外，砂的颗粒级配可按公称直径 630 μm 筛孔的累计筛余量（以质量百分率计）分成三个级配区，砂的颗粒级配应符合表 6-9 的规定。

表 6-9　砂的颗粒级配区

累计筛余 /%　级配区 公称粒径	Ⅰ区	Ⅱ区	Ⅲ区
5.00mm	10—0	10—0	10—0
2.50mm	35—5	25—0	15—0
1.25mm	65—35	50—10	25—0
630 μm	85—71	70—41	40—16
315 μm	95—80	92—70	85—55
160 μm	100—90	100—90	100—90

砂的颗粒级配应处于表中某一区域内。

砂的实际颗粒级配与表中的累计筛余百分率比，除公称粒径为 5.00mm

和 630 μm（表中斜体所标数值）的累计筛余百分率外，其余公称粒径的累计筛余百分率可稍有超出分界线，但总超出量不应大于 5%。

当砂的颗粒级配不符合要求时，宜采用相应的技术措施，并经试验证明能确保混凝土质量后，方可允许使用。

配制混凝土时宜优先选用Ⅱ区砂。当采用Ⅰ区砂时，应提高砂率，并保持足够的水泥用量，满足混凝土的和易性；当采用Ⅲ区砂时，宜适当降低砂率；当采用特细砂时，应符合相应的规定。

（三）含泥量

砂的含泥量是指砂中粒径小于 0.080 毫米的颗粒含量。对于有抗冻、抗渗或其他特殊要求的混凝土，其含泥量不应大于 3.0%。砂中含泥量应符合表 6-10 的规定。

表 6-10　砂中的含泥量

混凝土强度等级	＞C60	C60—C30	≤C25
含泥量（按质量计）/%	≤2.0	≤3.0	≤5.0

（四）泥块含量

砂泥块含量是指砂中粒径大于 1.25 毫米，经水洗、手捏后变成小于 0.630 毫米的颗粒含量。砂中的泥块含量应符合表 6-11 的规定。

表 6-11　砂中的泥块含量

混凝土强度等级	≥C60	C55—C30	≤C25
泥块含量(按质量计)/%	≤0.5	≤1.0	≤2.0

对于有抗冻、抗渗或其他特殊要求的混凝土，其泥块含量不应大于 1.0%。

（五）有害物质

砂中不应混有草根、树叶、树枝、塑料、煤块、炉渣等杂物。砂中如含有云母、轻物质、有机物、硫化物及硫酸盐、氯盐等，其含量应符合表 6-12 的规定。

表 6-12　砂中的有害物质含量

有害物质名称	含量限值
云母含量（按质量计）/%	≤ 2.0
轻物质含量（按质量计）/%	≤ 1.0
硫化物及硫酸盐含量（折算成按质量计）/%	≤ 1.0
有机物含量（用比色法试验）	颜色不应深于标准色。当颜色深于标准色时，应按水泥胶砂强度试验方法进行强度对比试验，抗压强度比不应低于 0.95

（六）坚固性

砂坚固性是指砂在气候、环境变化或其他物理因素作用下抵抗碎裂的能力。砂的坚固性指标应符合表 6-13 的规定。

表 6-13 砂的坚固性指标

项目	循环后的质量损失
5 次循环后的质量损失 /%	＜ 10

（七）表观密度、堆积密度、空隙率

砂的表观密度是指集料颗粒单位体积的质量。砂的堆积密度是指集料在自然堆积状态下单位体积的质量。砂的空隙率是指集料按规定方法颠实后单位体积的质量。

（八）碱活性粗集料

碱活性粗集料是指能与水泥或混凝土中的碱发生化学反应的集料。重要工程的粗集料应进行碱活性检验。

二、砂的取样

供货单位应提供产品合格证或质量检验报告。购货单位应按同产地、同规格分批验收。使用大型工具（如火车、货船或汽车）运输的，以 400 立方米或 600tt 为一验收批；使用小型工具运输的（如马车），以 200 立方米或 300t 为一验收批，不足上述数量者仍为一验收批。

从料堆上取样时，取样部位应均匀分布。取样前应先将取样部位表层铲除，然后由各部位抽取大致相等的砂 8 份，组成各自一组样品。

从皮带运输机上取样时，应在皮带运输机机尾的出料处用接料器定时抽取砂 4 份，组成各自一组样品。

从火车、汽车、货船上取样时，应从不同部位和深度抽取大致相等的砂 8 份，组成各自一组样品。每批取样量应多于试验用样量的一倍，工程上常规检测时约取 20kg。

三、细集料的检验与判定

（一）检测项目

工程现场砂的每一验收批应检测其细度模数、颗粒级配、含泥量、泥块含量、表观密度、堆积密度等。对于重要工程的混凝土所使用的砂，应进行碱活性检验或应根据需要增加检测项目。

（二）工程现场砂的检验

见证送检必须逐项填写检验委托单中的各项内容，如委托单位、建设单位、工程名称、工程部位、见证单位、见证人、送样人、砂品种、规格、产地、进场日期、代表数量、检验项目、执行标准等。

（三）细集料的判定

细集料的判定应满足细集料的技术要求，若不能满足要求，可以进行复验。若仍有一个试样不能满足标准要求，应按不合格品处理。

第四节　混凝土

一、混凝土概述

混凝土是由胶凝材料、粗细集料、水以及必要时加入的外加剂和掺合料按一定比例配制，经均匀搅拌，密实成型，养护硬化而成的一种人工石材。

混凝土具有原料丰富、价格低廉、生产工艺简单的特点，因而使其用量越来越大。同时，混凝土还具有抗压强度高、耐久性好、强度等级范围宽等特点。这些特点使其使用范围十分广泛，不仅在各种土木工程中使用，对于造船业、机械工业、海洋开发、地热工程等，混凝土也是重要的材料。

（一）混凝土的分类

1. 按胶凝材料分类

（1）无机胶凝材料混凝土，如水泥混凝土、石膏混凝土、硅酸盐混凝土、水玻璃混凝土等；

（2）有机胶凝材料混凝土，如沥青混凝土、聚合物混凝土等。

2. 按表观密度分类

混凝土按照表观密度的大小，可分为重混凝土、普通混凝土、轻质混凝土三种。这三种混凝土不同之处就是集料不同。

重混凝土：表观密度大于 2500kg/m³，用特别密实和特别重的集料制成。如重晶石混凝土、钢屑混凝土等，它们具有不透 X 射线的性能。

普通混凝土：普通混凝土是我们在建筑中常用的混凝土，其表观密度为 1950—2500kg/m³，集料为砂、石。

轻质混凝土：表观密度小于 1950kg/m³ 的混凝土。它可以分为以下三类：

（1）轻集料混凝土，其表观密度为 800—1950kg/m³，轻集料包括浮石、火山渣、陶粒、膨胀珍珠岩、膨胀矿渣、矿渣等。

（2）多空混凝土（泡沫混凝土、加气混凝土），泡沫混凝土是由水泥浆或水泥砂浆与稳定的泡沫制成的。加气混凝土是由水泥、水与发气剂制成的。

（3）大孔混凝土（普通大孔混凝土、轻集料大孔混凝土），其组成中无细集料。普通大孔混凝土的表观密度为 1500—1900kg/m³，是用碎石、软石、重矿渣作集料配制的。轻集料大孔混凝土是用陶粒、浮石、碎砖、矿渣等作为集料配制的，其表观密度为 500—1500kg/m³。

3. 按使用功能分类

结构混凝土、保温混凝土、装饰混凝土、防水混凝土、耐火混凝土、水工混凝土、海工混凝土、道路混凝土、防辐射混凝土等。

4. 按施工工艺分类

离心混凝土、真空混凝土、灌浆混凝土、喷射混凝土、碾压混凝土、挤压混凝土、泵送混凝土等。

5. 按拌合物的和易性分类

干硬性混凝土、半干硬性混凝土、塑性混凝土、流动性混凝土、高流动性混凝土、流态混凝土等。

6. 按配筋分类

素混凝土、钢筋混凝土、预应力混凝土。

上述各类混凝土中，用途最广、用量最大的为普通混凝土。对一些有特殊使用要求的混凝土，还应提出特殊的性能要求。如对地下工程混凝土，要求具有足够的抗渗性；路面混凝土，要求具有足够的抗弯性和较好的耐磨性；低温下工作的混凝土，要求具有足够的抗冻性；外围结构混凝土，除要求具有足够的强度外，还要有保温、绝热性能等。

（二）混凝土拌合物的性能

混凝土在未凝结硬化以前，称为混凝土拌合物。它必须具有良好的和易性，便于施工，以保证能获得良好的浇灌质量。混凝土拌合物凝结硬化以后，应具有足够的强度，以保证建筑物能安全地承受设计荷载，并应具有必要的耐久性。

1. 和易性

和易性是指混凝土拌合物易于施工操作（拌和、运输、浇灌、捣实）并能获得质量稳定均匀、成型密实的性能。和易性是一项综合的技术性质，包括有流动性、黏聚性和保水性等三个方面的含义。

流动性是指混凝土拌合物在本身自重或施工机械振捣的作用下，能产生流动，并均匀密实地填满模板的性能。流动性的大小取决于混凝土拌合物中用水量或水泥浆含量的多少。

黏聚性是指混凝土拌合物在施工过程中其组成材料之间有一定的黏聚力，不致产生分层和离析的性能。黏聚性的大小主要取决于细集料的用量以及水泥浆的稠度等。

保水性是指混凝土拌合物在施工过程中，具有一定的保水能力，不致产生严重泌水的性能。保水性差的混凝土拌合物，会形成容易透水的孔隙，从而降低混凝土的密实性。

2. 影响混凝土和易性的因素

（1）水胶比。水胶比是指水泥混凝土中水的用量与水泥用量之比。在单位混凝土拌合物中，浆集比确定后，即水泥浆的用量为一固定数值时，水胶比决定水泥浆的稠度。水胶比较小，则水泥浆较稠，混凝土拌合物的流动性也较小，当水胶比小于某一极限值时，在一定施工方法下就不能保证密实成型；反之，水胶比较大，水泥浆较稀，混凝土拌合物的流动性虽然较大，但黏聚性和保水性却随之变差。当水胶比大于某一极限值时，将产生严重的离析现象。因此，为了使混凝土拌合物能够密实成型，所采用的水胶比值不能过小，为了保证混凝土拌合物具有良好的黏聚性和保水性，所采用的水胶比值又不能过大。由于水胶比的变化将直接影响到水泥混凝土的强度。因此，在实际工程中，为增加拌合物的流动性而增加用水量时，必须保证水胶比不变，同时增加水泥用量，否则将显著降低混凝土的质量，决不能以单纯改变用水量的办法来调整混凝土拌合物的流动性。

（2）砂率。砂率是指混凝土中砂的质量占砂石总质量的百分率。砂率表征混凝土拌合物中砂与石相对用量的比例。由于砂率变化，可导致集料的空隙率和总表面积发生变化。当砂率过大时，集料的空隙率和总表面积增大，在水泥浆用量一定的条件下，混凝土拌合物就显得干稠，流动性小；当砂率过小时，虽然集料的总表面积减小，但由于砂浆量不足，不能在粗集料的周围形成足够的砂浆层起润滑作用，因而使混凝土拌合物的流动性降低。更严重的是影响了混凝土拌合物的黏聚性与保水性。因此，在不同的砂率中应有一个合理砂率值。混凝土拌合物的合理砂率是指在用水量和水泥用量一定的情况下，能使混凝土拌合物获得最大流动性，且能保持黏聚性。

（3）单位体积用水量。单位体积用水量是指在单位体积水泥混凝土中，所加入水的质量，它是影响水泥混凝土工作性的最主要的因素。新拌混凝土的流动性主要是依靠集料及水泥颗粒表面吸附一层水膜，从而使颗粒之间比较润滑。而黏聚性也主要是依靠水的表面张力作用，如用水量过少，则水膜较薄，润滑效果较差；而用水量过多，毛细孔被水分填满，表面张力的作用减小，混凝土的黏聚性将变差。因此，用水量的多少直接影响着水泥混凝土的工作性。当粗集料和细集料的种类和比例确定后，在一定的水胶比范围内（W/C=0.4—0.8），水泥混凝土的坍落度主要取决于单位体积用水量，而受其他因素的影响较小，这一规律称为固定加水量定则。

（三）混凝土的力学性能

1. 混凝土强度

（1）立方体抗压强度及强度等级。混凝土立方体抗压标准强度是指按标准方法制作和养护的边长为150毫米的立方体试件，用标准试验方法测得的抗压强度总体分布中具有不低于95%保证率的抗压强度值。根据《混凝土结构设计规范》（GB50010—2010）的规定，普通混凝土划分为十四个等级，即 C15、C20、C25、C30、C35、C40、C45、C50、C55、C60、C65、C70、C75、C80。例如，强度等级为 C30 的混凝土是指 30MPa ≤ C30 ＜ 35MPa。

（2）混凝土的抗拉强度。混凝土的抗拉强度只有抗压强度的 1/10—1/20，且随着混凝土强度等级的提高，比值降低。混凝土在工作时一般不依靠其抗拉强度。但抗拉强度对于抗开裂性有重要意义，在结构设计中抗拉强度是确定混凝土抗裂能力的重要指标。有时也用它来间接衡量混凝土与钢筋的黏结强度等。

（3）混凝土的抗折强度。混凝土的抗折强度是指混凝土的抗弯曲强度。对于混凝土路面强度设计，必须满足抗压与抗折强度值的要求。

（四）影响混凝土强度的因素

1. 水泥的强度和水胶比

水泥的强度和水胶比是决定混凝土强度的最主要因素。水泥是混凝土中的胶结组分，其强度的大小直接影响混凝土的强度。在配合比相同的条件下，水泥的强度越高，混凝土强度也越高。当采用同一水泥（品种和强度相同）时，混凝土的强度主要取决于水胶比：在混凝土能充分密实的情况下，水胶比越大，水泥石中的孔隙越多，强度越低，与集料黏结力也越小，混凝土的强度就越低；反之，水胶比越小，混凝土的强度越高。

2. 集料的影响

集料的表面状况影响水泥石与集料的黏结，从而影响混凝土的强度。碎石表面粗糙，黏结力较大；卵石表面光滑，黏结力较小。因此，在配合比相同的条件下，碎石混凝土的强度比卵石混凝土的强度高。集料的最大粒径对混凝土的强度也有影响，集料的最大粒径越大，混凝土的强度越小。砂率越小，混凝土的抗压强度越高；反之，混凝土的抗压强度越低。

3. 外加剂和掺合料

在混凝土中掺入外加剂，可使混凝土获得早强和高强性能，混凝土中掺入早强剂，可显著提高早期强度；掺入减水剂可大幅度减少拌合用水量，在较低的水胶比下，混凝土仍能较好地成型密实，获得很高的强度。在混凝土中加入掺合料，可提高水泥石的密实度，改善水泥石与集料的界面黏结强度，提高混凝土的长期强度。因此，在混凝土中掺入高效减水剂和掺合料，是制备高强和高性能混凝土必需的技术措施。

4. 养护的温度和湿度

混凝土的硬化是水泥水化和凝结硬化的结果。养护温度对水泥的水化速度有显著的影响，养护温度高，水泥的初期水化速度快，混凝土早期强度高。湿度大能保证水泥正常水化所需水分，有利于强度的增长。

在20℃以下，养护温度越低，混凝土抗压强度越低，但在20℃—30℃时，养护温度对混凝土的抗压强度影响不大。养护湿度越高，混凝土的抗压强度越高；反之，混凝土的抗压强度越低。

（五）混凝土的长期性能和耐久性能

混凝土的长期性是指混凝土在实际使用条件下抵抗各种破坏因素的作用，长期保持强度和外观完整性的能力。混凝土的耐久性是指结构在规定的使用年限内，在各种环境条件作用下，不需要额外的加固处理而保持其安全性、正常使用和可接受的外观能力。简单地说，混凝土材料的耐久性指标一般包括抗渗性、抗冻性、抗侵蚀性、混凝土的碳化、碱–集料反应。

1. 抗渗性

抗渗性是指混凝土抵抗水、油等液体在压力作用下渗透的性能。它直接影响混凝土的抗冻性和抗侵蚀性。混凝土本质上是一种多孔性材料，混凝土的抗渗性主要与其密度及内部孔隙的大小和构造有关。混凝土内部互相连通的孔隙和毛细管通路，以及由于在混凝土施工成型时振捣不实产生的蜂窝、孔洞，都会造成混凝土渗水。

混凝土的抗渗性我国一般采用抗渗等级表示，抗渗等级是按标准试验方法进行试验，用每组6个试件中4个试件未出现渗水时的最大水压力来表示的。如分为P4、P6、P8、P10、P12五个等级，即相应表示能抵抗0.4MPa、0.6MPa、0.8MPa、1.0MPa及1.2MPa的水压力而不渗水。

影响混凝土抗渗性的主要因素是水胶比，水胶比越大，水分越多，蒸发后留下的孔隙越多，其抗渗性越差。

2. 抗冻性

混凝土的抗冻性是指混凝土在水饱和状态下，经受多次冻融循环作用，能保持强度和外观完整性的能力。在寒冷地区，特别是在接触水又受冻的环境下的混凝土，要求具有较高的抗冻性能。由于混凝土内部孔隙中的水在负温下结冰后体积膨胀形成静水压力，以及因冰和水蒸汽压的差别推动未冻水向冻结区的迁移所形成渗透压力。当这两种压力所产生的内应力超过混凝土的抗拉强度，混凝土就会产生裂缝，多次冻融使裂缝不断扩展直至破坏。

混凝土的密实度、孔隙构造和数量、孔隙的充水程度是决定抗冻性的重要因素。因此，当混凝土采用的原材料质量好、水胶比小、具有封闭细小孔隙（如掺入引气剂的混凝土）及掺入减水剂、防冻剂等，其抗冻性都较高。

3. 抗侵蚀性

混凝土的抗侵蚀性与所用水泥的品种、混凝土的密实程度和孔隙特征有关。密实和孔隙封闭的混凝土，环境水不易侵入，故其抗侵蚀性较强。所以，提高混凝土抗侵蚀性的措施，主要是合理选择水泥品种、降低水胶比、提高混凝土的密实度和改善孔结构。

4. 混凝土的碳化

混凝土的碳化作用是二氧化碳与水泥石中的氢氧化钙作用，生成碳酸钙和水。碳化过程是二氧化碳由表及里向混凝土内部逐渐扩散的过程。因此，气体扩散规律决定了碳化速度的快慢。碳化引起水泥石化学组成及组织结构的变化，从而对混凝土的化学性能和物理力学性能有明显的影响，主要是对碱度、强度和收缩的影响。

碳化对混凝土性能既有有利的影响，也有不利的影响。碳化使混凝土的抗压强度增大，其原因是碳化放出的水分有助于水泥的水化作用，而且碳酸钙减少了水泥石内部的孔隙。由于混凝土的碳化层产生碳化收缩，对其核心形成压力，而表面碳化层产生拉应力，可能产生微细裂缝，而使混凝土抗拉、抗折强度降低。

5. 碱－集料反应

碱－集料反应是指硬化混凝土中所含的碱（NaOH 和 KOH）与集料中的活性成分发生反应，生成具有吸水膨胀性的产物，在有水的条件下吸水膨胀，导致混凝土开裂的现象。

混凝土只有含活性二氧化硅的集料、有较多的碱和有充分的水三个条件同时具备时才发生碱－集料反应。因此，可以采取以下措施抑制碱－集料反应：选择无碱活性的集料；在不得不采用具有碱活性的集料时，应严格控制混凝土中总的碱量；加活性掺合料，如硅灰、矿渣、粉煤灰（高钙高碱粉煤灰除外）等，对碱－集料反应有明显的抑制效果。活性掺合料与混凝土中的碱起反应，反应产物均匀分散在混凝土中，而不是集中在集料表面，不会发生有害的膨胀，从而降低了混凝土的含碱量，起到抑制碱－集料反应的作用；控制进入混凝土的水分。碱－集料反应要有水分，如果没有水分，反应就会大为减少乃至完全停止。因此，要防止外界水分渗入混凝土，以减轻碱－集料反应的危害。

二、取样方法

（一）混凝土试样取样的依据

（1）《混凝土结构工程施工质量验收规范》

（2）《普通混凝土力学性能试验方法标准》

（3）《混凝土强度检验评定标准》

（二）普通混凝土试样标准

（1）普通混凝土立方体抗压强度、抗冻性和劈裂抗拉强度试件为正方体，试件尺寸按表 6-14 采用，每组 3 块。

表 6-14　混凝土试件尺寸选用

集料最大粒径 / 毫米	试件尺寸 / 毫米 × 毫米 × 毫米
31.5	100×100×100（非标准试件）
40	150×150×150（标准试件）
63	200×200×200（非标准试件）

混凝土强度等级＜ C60 时，用非标准试件测得的强度值均应乘以尺寸换算系数。当混凝土强度等级≥ C60 时，宜采用标准试件；使用非标准试件时，尺寸换算系数应由试验确定。

在特殊情况下，可采用 ϕ 150 毫米 ×300 毫米的圆柱体标准试件或 ϕ 100 毫米 ×200 毫米和 ϕ 200 毫米 ×400 毫米的圆柱体非标准试件。

（2）普通混凝土轴心抗压强度试验和静力受压弹性模量试验，采用 150 毫米 ×150 毫米 ×300 毫米的棱柱体作为标准试件，前者每组 3 块，后者每组 6 块。

（3）普通混凝土抗折强度试验，采用 150 毫米 ×150 毫米 ×600 毫米（或 550 毫米）的棱柱体作为标准试件，每组 3 块。

（4）普通混凝土抗渗性能试验试件采用顶面直径为 175 毫米，底面直径为 185 毫米，高度为 150 毫米的圆台体或直径与高度均为 150 毫米的圆柱体试件，每组 6 块。试块在移入标准养护室以前，应用钢丝刷将顶面的水泥薄膜刷去。

（5）普通混凝土收缩试件尺寸为 100 毫米 ×100 毫米 ×515 毫米，（两端面）预留埋设不锈钢珠的凹槽。装上钢珠后，两钢珠顶端间距离（试块总长）约为 540 毫米，每组 3 块。

（6）普通混凝土中钢筋锈蚀试验，采用 100 毫米 ×100 毫米 ×300 毫米的棱住体试件，埋入的钢筋为直径 6 毫米、长 299 毫米的普通低碳钢，每组 3 块。

（三）混凝土试件的取样

1. 现场搅拌混凝土

根据《混凝土结构工程施工质量验收规范》和《混凝土强度检验评定标准》的规定，用于检查结构构件混凝土强度的试件，应在混凝土的浇筑地点随机抽取。取样与试件留置应符合以下规定：

（1）每拌制 100 盘但不超过 100 立方米的同配合比的混凝土，取样次数不得少于一次。

（2）每一工作班拌制的不足 100 盘时，其取样次数不得少于一次。

（3）当一次连续浇筑超过 1000 立方米，每 200 立方米取样不得少于一次。

（4）每一楼层取样不得少于一次。

（5）每次取样应至少留置一组标准养护试件，同条件养护试件的留置组数应根据实际需要确定。

2. 结构实体检验用同条件养护试件

根据《混凝土结构工程施工质量验收规范》的规定，结构实体检验用同条件养护试件的留置方式和取样数量应符合以下规定：

（1）对涉及混凝土结构安全的重要部位应进行结构实体检验。其内容包括混凝土强度、钢筋保护层厚度、结构位置与尺寸偏差以及合同约定的项目，必要时可检验其他项目。

（2）同条件养护试件应由各方在混凝土浇筑入模处见证取样。

（3）同一强度等级的同条件养护试件的留置数量不宜少于 10 组。

（4）当试件达到等效养护龄期时，方可对同条件养护试件进行强度试验。所谓等效养护龄期，就是逐日累计养护温度达到 600℃·d，且龄期宜取 14—60d。一般情况，温度取当天的平均温度。

3. 预拌（商品）混凝土

预拌（商品）混凝土，除应在预拌混凝土厂内按规定留置试块外，混凝土运到施工现场后，还应根据《预拌混凝土》规定取样。

（1）用于交货检验的混凝土试样应在交货地点采取。每100立方米相同配合比的混凝土取样不少于一次；一个工作班拌制的相同配合比的混凝土不足100立方米时，取样也不得少于一次；当在一个分项工程中连续供应相同配合比的混凝土量大于1000立方米时，其交货检验的试样为每200立方米混凝土取样不得少于一次。

（2）用于出厂检验的混凝土试样应在搅拌地点采取，按每100盘相同配合比的混凝土取样不得少于一次；每一工作班组相同的配合比的混凝土不足100盘时，取样也不得少于一次。

（3）对于预拌混凝土拌合物的质量，每车应目测检查；混凝土坍落度检验的试样，每100立方米相同配合比的混凝土取样检验不得少于一次；当一个工作班拌制的相同配合比的混凝土不足100立方米时，取样也不得少于一次。

4. 混凝土抗渗试块

根据《地下工程防水技术规范》的规定，混凝土抗渗试块按下列规定取样：

（1）连续浇筑混凝土量500立方米以下时，应留置两组（12块）抗渗试块。

（2）每增加250—500立方米混凝土，应增加留置两组（12块）抗渗试块。

（3）当使用材料、配合比或施工方法有变化时，均应另行仍按上述规定留置。

（4）抗渗试块应在浇筑地点制作，留置的两组试块其中一组（6块）应在标准养护室养护，另一组（6块）与现场相同条件下养护，养护期不得少于28天。

根据《混凝土结构工程施工质量验收规范》的规定，混凝土抗渗试块取样按下列规定：对有抗渗要求的混凝土结构，其混凝土试件应在浇筑地点随机取样。同一工程、同一配合比的混凝土，取样不应少于一次，留置组数可根据实际需要确定。

5. 粉煤灰混凝土

（1）粉煤灰混凝土的质量，应以坍落度（或工作度）、抗压强度进行检验。

(2) 现场施工粉煤灰混凝土的坍落度的检验，每工作班至少测定两次，其测定值允许偏差为 ±20 毫米。

（3）对于非大体积粉煤灰混凝土每拌制 100 立方米，至少成型一组试块；大体积粉煤灰混凝土每拌制 500 立方米，至少成型一组试块。不足上述规定数量时，每工作组至少成型一组试块。

（四）试件制作要求

试模应符合《混凝土试模》中技术要求的规定。应定期对试模进行自检，自检周期宜为三个月。

（1）在制作试件前应将试模清擦干净，并在其内壁涂以脱模剂。

（2）试件用振动台成型时，混凝土拌合物应一次装入试模，装料应用抹刀沿试模内壁略加插捣，并使混凝土拌合物高出试模上口，振动时应防止试模在振动台上自由跳动。振动应持续到混凝土表面出浆为止，刮除多余的混凝土并用抹刀抹平。

（3）振动台应符合《混凝土试验用振动台》中技术要求的规定。

（4）试件用人工插捣时，混凝土拌合物应分两层装入试模，每层装料厚度应大致相等。插捣用的钢制捣棒应为：长 600 毫米，直径 16 毫米，端部磨圆。插捣按螺旋方向从边缘向中心均匀进行。插捣底层时，捣棒应达到试模底面；插捣上层时，捣棒应穿入下层深度为 20—30 毫米。插捣时振捣棒应保持垂直，不得倾斜，并用抹刀沿试模内壁插入数次。每层的插捣次数应根据试件的截面而定，一般为每 100 平方厘米截面面积不应少于 12 次。插捣完后，刮除多余的混凝土，并用抹刀抹平。

(5) 采用标准养护的试件，应在温度为 (20±5) ℃的环境中静置一昼夜至两昼夜，然后编号、拆模。拆模后的试件应立即放在温度为（20±2）℃、湿度为 95% 以上的标准养护室中养护或在温度为（20±2）℃的不流动的饱和溶液中养护。标准养护室内，试件应放在架上，彼此间距应为 10—20 毫米，并应避免用水直接淋刷试件。

采用与构筑物或构件同条件养护的试件，成型后即应覆盖表面，试件的拆模时间可与实际构件的拆模时间相同，拆模后，试件仍需保持同条件养护。

（五）混凝土试件的见证送样

混凝土试件必须由施工单位送样人会同建设单位（或委托监理单位）见证人（有见证人员证书）一起陪同送样。进试验室时，应认真填写好委托单上所要求的全部内容，如工程名称、使用部位、设计强度等级、制作日期、配合比、坍落度等。

三、结果判定与处理

（一）坍落度法

坍落度试验适用于公称最大粒径小于或等于 40 毫米，坍落度不小于 10 毫米的混凝土拌合物稠度测试。

坍落度试验应按下列步骤进行。

（1）湿润坍落度筒及其他用具，并把筒放在不吸水的钢板上，然后用脚踩住两边的脚踏板，使坍落度筒在装料时保持位置固定。

（2）把按要求取得的混凝土试样用小铲分三层均匀地装入桶内，使捣实后每层高度为筒高的 1/3 左右。每层用捣棒插捣 25 次。插捣应沿螺旋方向由外向中心进行，各次插捣应在截面上均匀分布。插捣筒边混凝土时，捣棒可以稍稍倾斜。插捣底层时，捣棒应贯穿整个深度，插捣第二层和顶层时，捣棒应插捣本层至下一层的表面。

浇灌顶层时，混凝土应灌到高出筒口。插捣过程中，如混凝土沉落到低于筒口，则应随时添加。顶层插捣完后，刮去多余的混凝土，并用抹刀抹平。

（3）清除筒边底板上的混凝土后，垂直平稳地提起坍落度筒。坍落度筒的提离过程应在 5—10s 内完成。

从开始装料到提坍落度筒的整个过程应不间断地进行，并应在 150s 内完成。

（4）提起坍落度筒后，测量筒高与坍落后混凝土试件最高点之间的高度差，即为该混凝土拌合物的坍落度值。

坍落度筒提离后，如混凝土发生崩坍或一边发生剪坏现象，则应重新取样另行测定。如第二次试验仍出现上述现象，则表示该混凝土和易性不好，应予记录备查。

（5）观察坍落后的混凝土试件的黏聚性及保水性。黏聚性的检查方法是用捣棒在已坍落的混凝土锥体侧面轻敲打。此时，如果锥体逐渐下沉，则表示黏聚性良好；如果锥体倒塌、部分崩裂或出现离析现象，则表示黏聚性不好。

保水性以混凝土拌合物中稀浆析出的程度来评定，坍落度筒提起后如有较多的稀浆从底部析出，锥体部分的混凝土也因失浆而使集料外露，则表明此混凝土拌合物保水性不好。如坍落度筒提起后无稀浆或仅有少量稀浆，自底部析出，则表示此混凝土拌合物保水性良好。

(6) 混凝土拌合物坍落度以毫米为单位，结果表达精确至 5 毫米。

（二）维勃稠度法

维勃稠度法适用于集料最大粒径不超过 40 毫米、维勃稠度为 5—30s（维勃度 s）的混凝土拌合物的稠度测定。坍落度不大于 50 毫米或干硬性混凝土和维勃稠度大于 30s 的特干硬性混凝土拌合物的稠度，可采用增实因数法来测定。维勃稠度试验应按下列步骤进行:

(1) 将维勃稠度仪置于坚实、水平的地面上，润湿容器、坍落度筒、喂料斗内壁及其他用具。

(2) 将喂料斗转到坍落度筒上方扣紧，校正容器位置，使其轴线与喂料斗轴线重合，然后拧紧固定螺钉。

(3) 按标准装料、捣实。

(4) 转离喂料斗，垂直提起坍落度筒，应防止钢纤维混凝土试体横向扭动。

(5) 将透明圆盘转到钢纤维混凝土圆台体上方，放松测杆螺钉，降下圆盘轻轻接触钢纤维混凝土顶面，拧紧定位螺钉。

(6) 开启振动台，同时用秒表计时。振动到透明圆盘的底面被水泥浆布满的瞬间，停表计时，并关闭振动台，秒表读数精确至 1 秒。

（三）抗压强度

混凝土试件抗压强度按下式计算:

$$f_{cu}=F/A$$

式中 f_{cu}——混凝土抗压强度（MPa）;

F——极限荷载（N）;

A——受压面积（mm^2）。

混凝土立方体抗压强度计算应精确至 0.1MPa。

混凝土试件强度代表值的确定应符合下列规定:

（1）取三个试件强度的算术平均值作为该组试件的强度代表值；

（2）当一组试件中强度的最大值或最小值中如有一个与中间值的差值超过中间值的 15%，则取中间值作为该组试件的强度代表值；

（3）当一组试件中强度的最大值和最小值与中间值之差均超过 15%，该组试件的强度不应作为评定的依据。

混凝土强度等级小于 C60 时，非标准试件的抗压强度应乘以尺寸换算系数，并应在报告中注明。当混凝土强度等级大于等于 C60 时，宜用标准试件，使用非标准试件时，换算系数由试验确定。

参考资料

［1］ 赵冬花 . 建筑工程施工要点及质量监督检测研究 [M]. 郑州：黄河水利出版社 ,2023.12.

［2］ 谭军，翟传明 . 建筑结构工程检验检测指南 [M]. 北京：中国建筑工业出版社 ,2023.08.

［3］ 陈万清，甘其利，李浪花 . 装配式建筑工程质量检测（第二版）[M]. 成都：西南交通大学出版社 ,2023.11.

［4］ 宋磊，王金亮，钱小平 . 建设工程质量监督与安全管理研究 [M]. 哈尔滨：东北林业大学出版社 ,2023.

［5］ 马静月，蒲桃红，李柱凯 . 建筑材料 [M]. 北京：北京理工大学出版社 ,2022.09.

［6］ 马兵，王勇，刘军 . 建筑工程管理与结构设计 [M]. 长春：吉林科学技术出版社 ,2022.08.

［7］ 朱超 . 建筑材料与检测 [M]. 南京：南京大学出版社 ,2022.06.

［8］ 高耀宾，崔国庆 . 建筑主体结构工程质量检测 [M]. 北京：中国建筑工业出版社 ,2022.07.

［9］ 虞焕新，孙群伦 . 建筑工程技术实践 [M]. 沈阳：东北大学出版社 ,2022.03.

［10］韩晓，闫景臣，李春 . 建筑施工与质量检测 [M]. 长春：吉林科学技术出版社 ,2021.

［11］刘亚龙，梁晓丹，刘振霞 . 建筑工程资料管理 [M]. 北京：北京理工大学出版社 ,2021.10.

［12］张伟 . 建设工程质量检测实用手册 [M]. 青岛：中国海洋大学出版社 ,2021.11.

［13］彭军志，于洪艳，冯淑珍 . 工程质量控制 [M]. 北京：中国水利水电出版社 ,2021.01.

［14］李联友 . 建筑设备施工技术 [M]. 武汉：华中科技大学出版社 ,2020.05.

［15］苑芳友 . 建筑材料与检测技术综合实训与试验指导（第 3 版）[M]. 北京：北京理工大学出版社 ,2020.06.

[16] 丁百湛 . 建筑工程检测技术必备知识 [M]. 北京：中国建材工业出版社 ,2020.07.

[17] 张蓓，高琨，郭玉霞 . 建筑施工技术 [M]. 北京：北京理工大学出版社 ,2020.07.

[18] 郝恩，闫英海，董保利 . 建筑施工技术与工程检测 [M]. 长春：吉林科学技术出版社 ,2020.04.

[19] 项勇，卢立宇，徐姣姣 . 现代工程项目管理 [M]. 北京：机械工业出版社 ,2020.08.

[20] 刘晓丽，赵红，刘志红 . 建筑工程质量控制第 3 版 [M]. 北京：北京理工大学出版社 ,2020.06.

[21] 孙猛，张少坤，冯泽龙 . 建筑工程质量检测与安全监督 [M]. 沈阳：辽宁大学出版社 ,2018.09.

[22] 金煜 . 建筑工程质量检测实训手册 [M]. 北京：中国建筑工业出版社 ,2017.12.